Dejemos de hablar (solo) del clima

El discurso periodístico sobre el cambio climático y la transición ecológica

La colección Lingüística y Comunicación de Ediciones Complutense es un espacio dedicado a la difusión y transferencia de la investigación en lingüística y comunicación, en el marco de un proyecto editorial académico de relevancia científica impulsado por la Universidad Complutense de Madrid y dirigido a la comunidad académica internacional y al público en general.

Comité científico de la colección

Dejemos de hablar (solo) del clima

El discurso periodístico sobre el cambio climático y la transición ecológica

Beatriz Gallardo Paúls

EDICIONES COMPLUTENSE

Primera edición: febrero de 2026

© 2026, Beatriz Gallardo Paúls
© 2026, Ediciones Complutense
Universidad Complutense de Madrid
Pabellón de Gobierno
Isaac Peral s/n
28015 Madrid
913 941127
info.ediciones@ucm.es
www.ucm.es/ediciones-complutense

ISBN: 978-84-669-3981-2
Depósito Legal: M-171-2026
DOI: https://dx.doi.org/10.5209/ling.006

Diseño de cubiertas de la colección: Koln Studio

Imagen de cubierta: Beatriz Gallardo Paúls

Impresión
Estugraf Impresores, SL
Pol. Ind. los Huertecillos,
C. Pino, 5,
28350 Ciempozuelos, Madrid

Ediciones Complutense es miembro de Unión de Editoriales Universitarias Españolas (UNE) y está asociada a Cedro.

Ediciones Complutense garantiza un riguroso proceso de selección y evaluación de los trabajos que publica.

Printed in Spain

Para Martí

«*Así como el fin del pasado siglo estuvo dominado por la globalización, y el siglo anterior por la modernidad, este siglo estará dominado por el calentamiento. Necesitamos unas nuevas humanidades del cambio climático que nos orienten a través de los dilemas y las paradojas que traerá consigo. Hemos transformado el clima mundial. La pregunta, ahora, es: ¿cómo nos transformará el cambio climático a nosotros?*».

David Wallace-Wells
Cinco errores sobre el cambio climático

Índice

Parte I. Introducción

1. El cambio climático como objeto mediático

El discurso público se alimenta de mitos y lugares comunes en torno a cuál es la esencia del bien común y de la articulación de la vida en sociedad. Estas creencias, y sus discursos, sustentan en gran medida la homogeneidad de los grupos sociales, y para su identificación teórica suelen utilizarse los conceptos de *enmarcado/encuadre*, cuando se atiende a planteamientos cognitivistas (Bateson 1955; Johnson y Lakoff 1980; Entman 1993; Price 1997; Castells 2009), o *articulación*, cuando se asume una perspectiva más sociológica (teoría relacional de la Escuela de Essex; Howarth 1995, 2005).

Cuando esos mitos discursivos entran en conflicto con la realidad percibida socialmente se produce lo que la escuela de Essex llama *dislocación discursiva*, una situación de crisis en la que el soporte ideológico-discursivo que articulaba cierto grupo social deja de ser funcional. El concepto evoca el *desembrague enunciativo* de la pragmática interaccional francesa, propuesto por Trognon (1987, 106) para ciertas fracturas interactivas. Igual que en la conversación personal se origina a veces un «cambio de marcha» en el que es necesario reajustar las premisas del diálogo, en el discurso público se produce un punto de inflexión en el que se impone un desplazamiento de los anteriores marcos, ya caducados, en favor de otros nuevos.

Con este planteamiento, Stavrakakis (1997, 2000) ha dedicado varios trabajos a estudiar cómo la ideología verde —entendida como un fenómeno que va más allá del ambientalismo previo y que propone «afirmaciones universales, "holísticas" y profundamente políticas sobre la naturaleza, la crisis ambiental y su relación con el mundo humano» (Stavrakakis 1997, 260)— se

https://dx.doi.org/10.5209/ling.006.01
Dejemos de hablar (solo) del clima. El discurso periodístico sobre el cambio climático y la transición ecológica. Beatriz Gallardo Paúls. © Ediciones Complutense, 2026.

consolida a partir de una doble crisis socio-discursiva: la crisis propiamente medioambiental, ecológica, de finales de los años 60 y principios de los 70, confluye con la dislocación política que supone el agotamiento de los modelos políticos de izquierda:

> En la base de la aparición de la ideología verde se puede detectar una doble dislocación. Una dislocación de la forma en que hasta ahora se ha negociado nuestra relación con la naturaleza, y una segunda dislocación, el desplazamiento de una tradición política. La primera eleva la idea de la naturaleza a posible punto nodal, un posible significante maestro o vacío que llegó a articular en torno suyo una construcción ideológica completa, como respuesta a la segunda dislocación. (Stavrakakis 2000, 112).

El autor propone que esta configuración ideológica resultó novedosa y autónoma en la medida en que utilizaba significantes preexistentes («verde», «naturaleza», «ecosistema») y los dotaba de connotaciones ecológico-políticas propias. En su institucionalización, este discurso verde otorgaría una centralidad especial al concepto/término de «cambio climático», que emerge en un texto científico de 1975 pero se instala rápidamente en la denominación de organismos internacionales (Sesiones ordinarias de la ONU sobre el Cambio Climático, Convención Marco de la ONU sobre Cambio Climático, Panel Intergubernamental sobre el Cambio Climático), así como en grupos, revistas y proyectos de investigación de todo el mundo.

La segunda dislocación señalada por Stavrakakis tiene que ver con el alejamiento que se produce (Judt 2010; Traverso 2016; Romero 2019, 2025) entre los discursos progresistas emancipadores y su sujeto político por excelencia, el proletariado, un alejamiento que en los últimos 50 años se ha plasmado discursivamente en la imparable fragmentación de ese sujeto político mediante el recurso a las *retóricas de la peculiaridad* (Gallardo Paúls 2018, 2024b). El discurso progresista se desvincula así del que era su *topos* fundamental, la lucha de clases, y lo diluye en la búsqueda de un nuevo sujeto que no para de escindirse. Este sería el contexto que favorece la emergencia del ecologismo como propuesta política novedosa, en el marco de los que se llamaron «nuevos movimientos sociales»:

> En el campo de la sociología de los movimientos sociales, el término «nuevos movimientos sociales» no se refiere tanto a la «novedad» como a un tipo particular de movimientos. Alain Touraine (1979) forjó dicho

concepto para enfatizar la importancia de los movimientos que impulsaban y reivindicaban dimensiones más «culturales», y que surgieron a partir de los años 1960. Sin desaparecer, el movimiento obrero iba perdiendo protagonismo y se había institucionalizado, mientras que una ola de movimientos, como los feministas, los ecologistas o los estudiantiles transformaron la sociedad a partir de luchas con una fuerte carga cultural. [...] A partir de la década de los años sesenta, las demandas culturales ganaron terreno sobre las demandas en temas de redistribución económica. (Pleyers 2018, 29)[1].

Para transmitir ese escenario a la opinión pública en lo relativo al ambientalismo —en los mismos años, no lo olvidemos, en que se fraguan y consolidan los grandes proyectos neoliberales—, los medios de comunicación recogen la centralidad de la naturaleza y el ecologismo. Y en este transvase, obviamente, asumen el marco contextual que es propio del periodismo, cuyas pretensiones profesionales de objetividad lo alejan —como sabemos, con muchos matices (Hallin y Mancini 2004)— del discurso ideológico característico de los partidos. Por el contrario, el protagonismo mediático de la naturaleza y el medio ambiente se someterá progresivamente al encuadre interaccional del periodismo científico, de tal manera que el periodismo medioambiental se autoconcebirá mayoritariamente como un tipo de comunicación científica, aunque se incluya en las páginas de sociedad (o, en nuestros datos, también de economía) y se defienda su carácter transversal (Friedman 1979, 2015; Schoenfeld 1980; Hansen 1991, 1994; Bell 1994; Bødker y Neverla 2012; Engesser y Brüggeman 2016; Sachsman y Valenti 2020; Teso *et al.* 2019, 2020, 2021, 2022; APIA 2023; Bayes, Bolsen y Druckman 2023). Los textos, por tanto, pertenecen en gran parte a periodistas especializados, con formación científica específica; Clemente Álvarez, Gustavo Catalán Deus, Carlos Fresneda, Cristina G. Rubio, Teresa Guerrero, Rosa M. Tristán, Paula María, Víctor Martínez, Esther Sánchez o Manuel Planelles son algunos de los profesionales especializados que redactan las piezas periodísticas del corpus.

---

[1] El texto de Pleyers recoge entre comillas el término «culturales» porque arrastra connotaciones difíciles de extraer, ya que se refiere sobre todo a cuestiones de naturaleza ideológica, ética o moral. Thomson señala que desde el punto de vista partidista «la guerra cultural es evidente en el surgimiento simultáneo de un "desorden moral" y un "renacimiento moral"» (2010, 3), y subraya las muchas dificultades del término "cultura" en el discurso de las ciencias sociales.

Desde los años 70[2], la idea central de la ciencia del medio ambiente era, sin duda, el calentamiento global y el cambio climático, cuyo interés se había visto agudizado por múltiples factores de diversa naturaleza, entre ellos las mareas negras provocadas por accidentes de barcos o plataformas petrolíferas en los años 60, los accidentes nucleares y las peligrosas catástrofes de contaminación industrial, el secado del mar de Aral por parte de la Unión Soviética, los crecientes niveles de contaminación de la ciudades, o la grave crisis del petróleo de 1973, que alertaba sobre los límites de la energía fósil al tiempo que propiciaba la creación de centrales nucleares; exitosas publicaciones sobre el tema, así como la aparición del movimiento ambientalista suelen considerarse también elementos fundamentales (Estenssoro 2007).

En este contexto —el mismo que llevaría a Ulrich Beck a describir la «sociedad del riesgo» en 1986—, dar cobertura a los temas del ecologismo político significaba introducir en los medios de comunicación el cambio climático que preocupaba a los científicos, y que estaba alentando la creación de movimientos sociales y la celebración de cumbres mundiales (el primer Día de la Tierra se celebró en 1970) o de sesiones monográficas de la ONU sobre el clima. En suma, el periodismo ambiental emerge en el panorama mediático focalizando la ciencia sobre la crisis climática como eje temático vertebrador; más tarde, como veremos, trasladar el consenso científico sobre el tema se convierte en una prioridad para neutralizar las crecientes voces negacionistas.

Los resultados persuasivos de esta atención mediática a las crecientes manifestaciones del cambio climático —en confluencia con la comunicación que realizan también las instancias político-gubernamentales, las organizaciones ecologistas y la divulgación científica— son evidentes. En el informe que elaboró el Foro Económico Mundial (FEM/WEF) antes de su cumbre de Davos

---

[2] En 1972 se celebró en Estocolmo la Primera Cumbre de la Tierra (llamada también Conferencia de Naciones Unidas sobre el Medio Ambiente Humano o Conferencia Científica de las Naciones Unidas), cuyo resultado fue la Declaración de la Conferencia de las Naciones Unidas sobre el Medio Humano (CNUMAH 1972). Le siguieron las cumbres de 1992 (Rio de Janeiro), 2012 (Johannesburgo) y 2015 (París). Como resultado de la primera cumbre se constituyó en 1972 el PNUMA, Programa de Naciones Unidas sobre el Medio Ambiente (UNEP en inglés), que se organiza en siete ámbitos: cambio climático, desastres y conflictos, gestión de los ecosistemas, gobernanza ambiental, productos químicos y desechos, eficiencia de los recursos, y evaluación del medio ambiente. En 1974, la Organización Meteorológica Mundial (OMM) y el Consejo Internacional de Uniones Científicas, organizan el *Programa de Investigación Atmosférica Global* (GARP). En 1979, la OMM organiza la *Primera Conferencia Mundial sobre el Clima*.

de 2024, la preocupación por los fenómenos de clima extremo ocupaba el primer lugar entre los riesgos percibidos por los encuestados[3].

Gráfico 1. Riesgos globales percibidos en el informe del Foro Económico Mundial de 2024

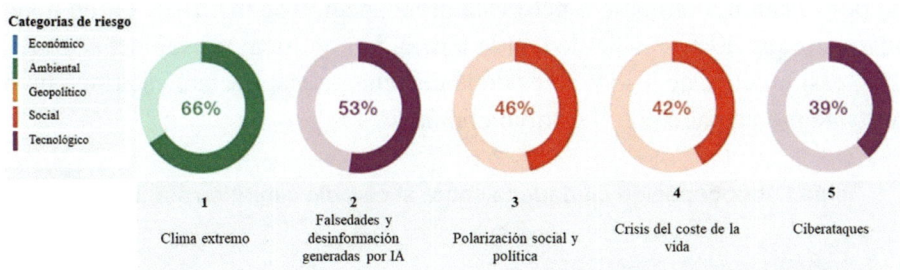

Categorías de riesgo
- Económico
- Ambiental
- Geopolítico
- Social
- Tecnológico

1	2	3	4	5
66%	53%	46%	42%	39%
Clima extremo	Falsedades y desinformación generadas por IA	Polarización social y política	Crisis del coste de la vida	Ciberataques

Fuente: Foro Económico Mundial (WEF 2024).

En el informe de 2025, publicado mientras se redactaba este trabajo, las pre-ocupaciones medioambientales parecen difuminarse un poco en el corto plazo pero crecen en la previsión a más largo plazo. Como recoge el Gráfico 2, los encuestados muestran mayor preocupación, a dos años vista, por la desin-formación, pero cuando se les pide que valoren los riesgos en un plazo de diez años ganan peso los problemas medioambientales, como los fenómenos de clima extremo, la pérdida de biodiversidad o la escasez de recursos. Retomaremos esta postergación del problema cuando hablemos de la hipermetropía ambiental.

Gráfico 2. Previsión de riesgos a dos y diez años según el informe de percepción de riesgos de 2025 del FEM

2 años

1	Desinformación y bulos
2	Fenómenos meteorológicos extremos
3	Conflictos armados entre países
4	Polarización social
5	Ciberespionaje y ciberguerra
6	Contaminación
7	Desigualdad
8	Desplazamientos y migraciones involuntarias
9	Confrontamiento geoeconómico
10	Erosión de los derechos humanos y/o libertades cívicas

10 años

1	Fenómenos meteorológicos extremos
2	Pérdida de biodiversidad y colapso de los ecosistemas
3	Cambio crítico de los sistemas de la Tierra
4	Escasez de recursos naturales
5	Desinformación y bulos
6	Resultados adversos tecnologías IA
7	Desigualdad
8	Polarización social
9	Ciberespionaje y ciberguerra
10	Contaminación

Fuente: Foro Económico Mundial (WEF 2025)

---

[3] Los informes del FEM se basan en encuestas a líderes empresariales, expertos del mundo académico y gubernamental, la comunidad internacional y la sociedad civil de 113 países.

Paralelamente a las encuestas sobre percepción del riesgo del FEM, el Barómetro del CIS de marzo de 2024 ofrecía información relativa al nivel de preocupación ciudadana en torno al cambio climático. Como refleja la Tabla 1, un 76% de la ciudadanía española declara estar mucho o bastante preocupado por el cambio climático, pero esta preocupación se mantiene en un nivel abstracto que no corresponde con la alineación política; véase que, según el CIS, casi un 40% de los votantes de la derecha radical declara estar mucho o bastante preocupado por el cambio climático.

Tabla 1. Preocupación ciudadana sobre el cambio climático según el CIS

CIS

Estudio nº3445. BARÓMETRO DE MARZO 2024 **Marzo 2024**

Pregunta 1

¿Diría Ud. que en estos momentos el cambio climático le preocupa mucho, bastante, poco o nada?

	TOTAL	Recuerdo de voto en las elecciones generales de 2023									
		PP	PSOE	VOX	Sumar	ERC	Junts	EH Bildu	EAJ-PNV	BNG	CCa
Mucho	34,5	25,3	43,3	8,5	53,6	54,0	56,2	59,4	16,4	57,1	73,9
Bastante	41,9	40,0	45,0	30,9	39,9	41,5	38,6	34,4	81,0	37,2	16,5
(NO LEER) Regular	1,6	2,2	1,3	2,6	0,2	·	·	·	·	·	·
Poco	14,2	23,7	7,5	25,5	5,3	0,7	2,0	2,6	2,6	5,7	9,7
Nada	7,1	8,2	1,8	32,5	1,0	3,8	3,2	3,6	·	·	·
N.S.	0,1	0,1	·	·	·	·	·	·	·	·	·
N.C.	0,5	0,4	1,0	·	·	·	·	·	·	·	·
(N)	(3.931)	(902)	(1.018)	(295)	(387)	(60)	(32)	(28)	(30)	(36)	(6)

	Recuerdo de voto en las elecciones generales de 2023									
	UPN	PACMA	Otro partido	En blanco	Nulo	No tenía edad	No votó	No tenía derecho a voto	N.R.	N.C.
Mucho	56,7	53,8	33,8	35,1	22,1	23,5	27,3	48,5	38,0	35,0
Bastante	20,6	29,6	43,2	47,6	54,9	56,1	42,1	41,0	43,6	43,1
(NO LEER) Regular	·	·	·	3,5	·	·	3,0	·	1,3	1,4
Poco	12,1	8,5	12,3	9,6	15,1	20,4	17,3	·	8,2	14,9
Nada	10,6	8,0	10,8	4,2	8,0	·	10,3	10,5	1,3	4,6
N.S.	·	·	·	·	·	·	·	·	3,8	0,1
N.C.	·	·	·	·	·	·	0,1	·	3,8	0,9
(N)	(3)	(21)	(59)	(99)	(55)	(27)	(503)	(19)	(89)	(264)

Fuente: Barómetro del CIS, 2024.

Los niveles de preocupación son, como puede verse, más que notables, y, sin embargo…,

Sin embargo, después de casi cinco décadas de comunicación trasladando el tema y su gravedad a la opinión pública, parece indiscutible que ese modelo discursivo —no exclusivo de los medios—, centrado en el cambio climático y el correspondiente consenso científico, ha sido poco exitoso en el logro de sus objetivos finales; lo sigue siendo. Si trasladamos al ámbito perlocutivo la clasificación clásica de Searle sobre tipos de actos ilocucionales, diríamos que la Comunicación sobre el Cambio Climático (CCC) consigue una perlocutividad representativa y, en general, logra convencer de la veracidad de sus enunciados, pero fracasa en su dimensión directiva y no consigue acciones consistentes con esa creencia. Es importante subrayar que tal dimensión directiva presenta una doble manifestación: tiene una dimensión cotidiana en los hábitos de la vida diaria (consumo responsable, reciclaje, etc.), pero también una dimensión política que, en principio, debería ser incompatible con votar a partidos negacionistas del cambio climático. Dado el auge de los populismos y tecnopopulismos del siglo XXI, uno de cuyos rasgos es, precisamente, el antiintelectualismo y el negacionismo científico[4], la bibliografía no focaliza tanto la incoherencia entre creencias y acciones como el desajuste entre las certezas del consenso científico y una opinión pública que se declara alejada de los datos que proporcionan los expertos y de sus consecuencias (Roser-Renouf *et al.* 2015; Cook y Lewandowsky 2016). Con este planteamiento, Bayes Bolsen y Druckman (2023, 17) señalan dos factores esenciales para explicar en el contexto estadounidense esa brecha (*consensus gap*) entre lo que dice la ciencia y lo que piensa la ciudadanía: por un lado, los errores en la difusión de la información científica, y, por otro, la politización de esa difusión, que explica «los esfuerzos sostenidos de numerosos actores para socavar la confianza pública en el consenso científico sobre el cambio climático», unos esfuerzos sostenidos que se trasladan a la esfera comunicativa de la mano de la desinformación (Gallardo Paúls 2025).

Creemos que, en el caso concreto de la prensa generalista, a estos dos rasgos se suma un tercero, a cuya descripción dedicamos las siguientes páginas: la cobertura mediática sobre el cambio climático construye un discurso alejado de la realidad de sus lectores, que presta más atención a los fenómenos y manifestaciones radicales del clima (y su dimensión científica) que a su incidencia cotidiana en nuestras sociedades y en nuestras vidas. Esta cobertura falla en su función porque, a diferencia de lo que ocurre en el discurso científico y académico, el planeta —y, con él, las grullas, las ranas,

---

[4] «El término negacionismo fue acuñado en 1987 por el historiador Henri Rousso como reacción contra el revisionismo histórico que negaba la existencia del holocausto. Desde entonces este término ha ido extendiendo su significado para incluir tanto el rechazo a admitir acontecimientos históricos traumáticos (como los crímenes de guerra), como conceptos básicos, aceptados y fuertemente asentados en el consenso científico (como el creacionismo, que sostiene la intervención de una deidad en el origen de la tierra y rechaza de la evolución). [...] La eficacia del negacionismo a la hora de adaptarse a nuevas realidades como el cambio climático, la discriminación de género y a contextos políticos dispares, desde EE UU, Brasil a Reino Unido, por ejemplo, radica en la manera que este tiene de interpelar y de transformar en seguidores convencidos a quienes lo escuchan». (Martín Rojo y Delgado, 2021).

los glaciares y las ballenas que pueblan la cobertura habitual del cambio climático— no funciona como sujeto protagonista del discurso mediático. De hecho, Uzzell (2000, 314) ha llamado *hipermetropía ambiental* a este «desenfoque», según el cual la percepción de gravedad de los problemas ambientales es mayor cuanto mayor sea la lejanía en la que se producen (García-Mira, Real y Romay 2005). Aunque las investigaciones de Uzzell y su equipo se refieren a una distancia espacial (y temporal), su efecto cognitivo es de amplio impacto; este tipo de cobertura, atento a cómo los fenómenos de clima extremo afectan a otras especies animales o vegetales, o a lugares remotos, elude su impacto en nuestro entorno inmediato, que solo es puesto de relieve cuando se producen catástrofes[5] como las DANAS o los incendios de última generación:

> El calentamiento ya está golpeando a los humanos con tal dureza que no deberíamos tener que volver la mirada hacia otros lugares, hacia las especies amenazadas y los ecosistemas en peligro, para seguir el rastro de la espantosa ofensiva del clima. Pero lo hacemos, consternados por los osos polares varados y las historias sobre los apuros de los arrecifes de coral. (Wallace-Wells 2019).

La dimensión estrictamente discursiva de este tercer rasgo es el tema del presente libro. A partir de un corpus de datos de prensa generado mediante búsquedas léxicas revisaremos todas las dimensiones discursivas de los textos (con

---

[5]   Aunque nuestro objetivo en este trabajo es el periodismo escrito, es importante tomar conciencia del modo en que los ritmos informativos —y sus inercias—, hacen estragos en nuestra gestión de la atención. Sabemos que el mundo digital nunca cierra y los medios de comunicación se ven obligados a rellenar parrillas televisivas y webs las 24 horas de cada día. Se genera así un verdadero *horror vacui* de la voz informativa cuya consecuencia más importante es el desplazamiento de los medios audiovisuales hacia un terreno que ya no es estrictamente informativo, un ámbito que desde las últimas décadas del siglo pasado llamábamos «infoentretenimiento», pero cuyo prefijo «info» ha perdido actualmente gran parte de su peso. Este desplazamiento tiene varias consecuencias en la oferta informativa que se pudo comprobar con la DANA de octubre de 2024. Por ejemplo, tertulias inacabables donde, entremezclada con la voz de las y los expertos, la voz informativa se convertía en simple opinión y con excesiva frecuencia evidenciaba un sorprendente desconocimiento al servicio de la incertidumbre; por ejemplo, perpetuando durante días la pregunta sobre la responsabilidad política en la gestión de emergencias. Otro efecto de esta necesidad de ocupar el espacio informativo es la repetición descontextualizada de las imágenes; cinco días después de la tragedia, las televisiones y webs de periódicos seguían emitiendo los videos de la primera noche sin poner fechas de referencia, de manera que la cobertura inicialmente informativa se convertía en un bucle de recreación dramática; para nuestro análisis, retomaremos esta idea de bucle por repetición también en su dimensión informativa.

la excepción del paratexto) para comprobar hasta qué punto el encuadre de los mismos permite o no la implicación de los destinatarios; es decir, intentaremos dilucidar qué tipo de «lector modelo» construye este discurso (Eco 1979, 88), y cuál es —si la hay— la evolución del mismo a lo largo del tiempo.

Si, como parece, el objetivo del periodismo ambiental es la concienciación de las personas y, a partir de ella, su implicación tanto cotidiana como política en el tema, consideramos necesario consumar un cambio de marco que ya resulta identificable en diversos ámbitos (piénsese, por ejemplo, en los sucesivos nombres de las carteras ministeriales relacionadas[6]) y que el propio discurso periodístico ejemplifica levemente, como veremos, en casos muy concretos. Este cambio de marco potenciaría nuevos *topoi* y colocaría en el centro del debate la implicación ciudadana ante la emergencia climática, no el propio proceso ambiental.

En concreto, para tratar de «desembragar» un discurso que parece haber perdido su capacidad perlocutiva, propondremos dejar de hablar (solo) del *cambio climático* para convertir la *transición ecológica* en el punto focal de la comunicación, de tal manera que las y los ciudadanos puedan identificarse como protagonistas de ese discurso y, por tanto, de esa transición. Para que, según decía Schonfeld, el periodismo ambiental pueda presentar «un medio ambiente amenazado como una "realidad social" con la que los lectores pueden identificarse» (1980, 462). Sin necesidad de abordar el análisis detallado del corpus de la sección II resulta obvio que «cambio climático» carece de semas que impliquen a la ciudadanía, mientras «transición ecológica» exige una actancialidad muy diferente; huelga decir que las connotaciones son, también, distintas.

Esta es la idea que se desarrolla brevemente en los siguientes apartados, en el marco de un proyecto de investigación más amplio en el que se aborda también la comunicación gubernamental/institucional sobre los mismos temas.

---

[6]   VIII Legislatura, presidida por José Luis Rodríguez Zapatero (abril 2004-abril 2008): Ministerio de Medio Ambiente.
IX Legislatura, presidida por José Luis Rodríguez Zapatero (abril 2008-julio 2011): Ministerio de Medio Ambiente y Medio Rural y Marino.
X y XI Legislaturas, presidida por Mariano Rajoy Brey (diciembre 2011-abril 2014, y diciembre 2015-julio 2016): Ministerio de Agricultura, Alimentación y Medio Ambiente.
XII Legislatura, presidida por Mariano Rajoy Brey (julio 2016-junio 2018) y por Pedro Sánchez Pérez-Castejón (junio 2018-mayo 2019). Ministerio de Agricultura (y Pesca), Alimentación y Medio Ambiente durante la etapa de Rajoy, y Ministerio para la Transición Ecológica en la presidencia de Pedro Sánchez.
XIII, XIV y XV Legislaturas, presididas por Pedro Sánchez (mayo 2019-diciembre 2019; enero 2020-agosto2023; agosto 2023-actualidad): Ministerio para la Transición Ecológica y el Reto Demográfico.

2. Los estudios sobre el cambio climático

Se atribuye al matemático y médico Jean Fourier, en un artículo de 1824, la identificación de los gases de efecto invernadero; en 1896, el nobel físico y químico sueco Svante August Arrhenius publicaría el primer cálculo del calentamiento global a partir de las emisiones humanas de CO_2 (Vlassopoulos 2012; Weart 2003, 2004).

Estas observaciones científicas iniciales no tenían en cuenta posibles consecuencias negativas del calentamiento global y respondían al paradigma genérico de la curiosidad científica. Su problematización aparecería más tarde (Weart 2003), con el auge del ambientalismo[7] a final de la década de 1960. En 1974, la Organización Meteorológica Mundial (OMM) y el Consejo Internacional de Uniones Científicas, organizaron el Programa de Investigación Atmosférica Global (GARP), que asumía enfoques multidisciplinares y prestaba especial atención al impacto del cambio climático en los países en desarrollo y a la sostenibilidad de una industria cercada por los gases de efecto invernadero. En 1975, Wallace Smith Broecker publicaba en *Science* el texto «Climate change: Are we on the brink of a pronounced global warming?», acuñando el término

https://dx.doi.org/10.5209/ling.006.02
Dejemos de hablar (solo) del clima. El discurso periodístico sobre el cambio climático y la transición ecológica. Beatriz Gallardo Paúls. © Ediciones Complutense, 2026.

[7] «En 1969 se creó lo que se considera la primera organización medioambientalista moderna y de carácter mundial, *Friends of the Earth*, por David Brower, y para 1970 se estima que ya existían más de tres mil organizaciones ambientalistas en el país [EE.UU.]. Algunas alcanzarían gran significación, como por ejemplo, el grupo *No Hagáis Olas*, fundado en febrero de 1970 por los matrimonios Bohlen y Stowe, con el fin de impedir la explosión nuclear que planeaba el gobierno estadounidense en la región de Amchitka, en Alaska, para el año siguiente, y que, si bien fracasó en su intento, será el origen del movimiento Greenpeace». (Estenssoro 2007, 104).

definitivo, que ha servido de guía para la investigación y la elaboración de documentos institucionales referidos tanto a la *mitigación* del cambio climático como a la *adaptación* a sus efectos (Marin, Andrés y Gallegos 2021), que son los dos grandes paradigmas de abordaje político del fenómeno (Klein, Schipper y Dessai 2005; VijayaVenkataraman, Sanjairaj y Goic 2012).

En 1979 la OMM organiza la Primera Conferencia Mundial sobre el Clima, que fue:

> la primera en dar una definición clara del cambio climático inducido por el hombre como un problema ambiental importante, que también identificó el cambio climático como un problema público autónomo que debe abordarse mediante el establecimiento de políticas ambientales. (Rahmad 2013,6).

Otros eventos de especial importancia son la firma del Protocolo de Montreal, que imponía restricciones al uso de productos con impacto negativo en la capa de ozono (1987)[8], la creación del IPCC, Panel Intergubernamental sobre el Cambio Climático (1988), la creación en la cumbre de Río de Janeiro de la Convención Marco de las Naciones Unidas para el Cambio Climático, CMNUCC (1992), la firma del Protocolo de Kioto, que estuvo vigente entre 2005 y 2012, aunque sin la adhesión[9] de los países más contaminantes (1997), los Acuerdos de París (2015), y la Conferencia de las Partes, COP26 (2021)[10].

[8] La *Enmienda de Londres* (1990) pretendía eliminar por completo los gases CFC para el año 2000 y establecía un Fondo Multilateral de 240 millones de dólares, entre 1991 y 1993, para los países en desarrollo. La *Enmienda de Copenhague* (1992) adelantaba la eliminación de gases CFC a 1996 y establecía para los países desarrollados la congelación del metilbromuro antes de 1995, y la eliminación de los HCFC antes de 2030.

[9] Los Estados Unidos no suscribieron el Protocolo de Kioto; Clinton sí lo firmó, pero el Congreso no lo asumió, y Bush lo rechazó explícitamente en marzo de 2001. Los Estados Unidos no se adhirieron hasta la COP4, de Buenos Aires (1998), que no era vinculante. El vicepresidente de Clinton, Al Gore, obtendría el Óscar de 2007 con su documental, luego convertido en libro, *Una verdad incómoda*. Tal y como prometió en su campaña electoral, en noviembre de 2020 Trump firmó el abandono oficial de Estados Unidos de los Acuerdos de París (2015, COP21), que aspiran a limitar el aumento de la temperatura global en 2 °C. Aunque China es el mayor emisor mundial, Estados Unidos es el país líder en contaminación histórica, responsable de un 25% de las emisiones de efecto invernadero acumuladas en la atmósfera por la acción humana.

[10] Las llamadas Conferencias de las partes, COP, se celebran simultáneamente a las Convenciones Marco (CMNUCC); la primera tuvo lugar en la CMNUCC de 1995, en Berlín, y la segunda en 1996 en Ginebra. En la tercera (Kioto, 1997) se aprobó el *Protocolo de Kioto*. Las COP no son exclusivas de la convención Marco para el Cambio Climático. Existen COP para múltiples organismos: la Convención de la ONU sobre la Conservación de las Especies Migratorias de Animales Silvestres, CMS (primera COP en 1985), el Convenio Marco de la OMS para el Control del Tabaco (cuya primera COP data de 2003), etc.

Según Rahman (2013: 3) es posible diferenciar tres aproximaciones sucesivas —tres paradigmas— al estudio del cambio climático (Gráfico 3). Aunque los primeros estudios sobre el clima pueden remontarse a algunas investigaciones de Benjamin Franklin en el s. XVIII, lo habitual es tomar como fecha de inicio el descubrimiento de los gases de efecto invernadero (Fourier 1824); como se ha dicho, hasta los movimientos ambientalistas de inicios de los años 70, esta primera fase de estudio del cambio climático asume un planteamiento básicamente científico, sin considerar ulteriores impactos en el planeta o en la vida de los seres humanos.

Gráfico 3. Las crisis de paradigma en el discurso sobre el cambio climático según Rahman, que deja abiertos los interrogantes a partir de la fecha de su publicación (2013)

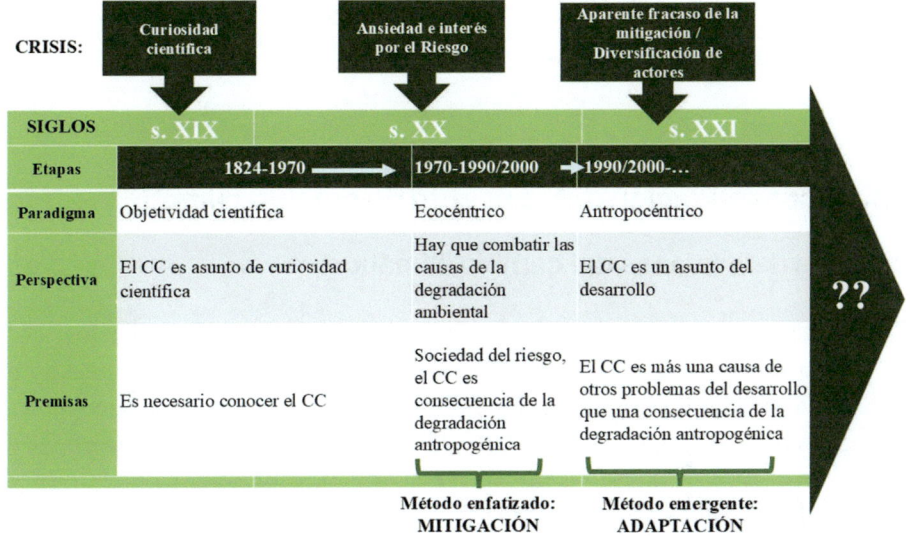

Fuente: traducción propia de Rahman (2013, 6).

La crisis de los años 70, simbolizada por el shock del petróleo de 1973, supondría un cambio de paradigma que ponía la naturaleza y el medio ambiente en el centro; como ya hemos comentado, en estos años se producen también algunos de los accidentes y catástrofes naturales que llevarían a Ulrich Beck (1986) a describir la «sociedad del riesgo», como la explosión química de Flixborough (Reino Unido, 1974), la fuga tóxica de Seveso (Italia, 1976)[11] o

---

[11]   Este accidente dio lugar, en 1982, a la *Directiva europea de accidentes graves Seveso I* (directiva 82/501/CEE), que se modificó en 1996 con la *Directiva europea de accidentes graves Seveso II* (Directiva 96/82/CE). En 1998, el *Convenio de Aarhus* vincularía la pro-

la fuga de la fábrica de plaguicidas de Bhopal (India, 1984). En ese contexto, el cambio climático se considera consecuencia de la acción humana, lo que el propio Beck denominaba (1997, 180) «el volcán civilizatorio».

Este paradigma *ecocéntrico* se proponía como objetivo mitigar las causas de la degradación ambiental, buscando compromisos vinculantes por parte de los gobiernos de los países más contaminantes; mientras el Protocolo de Montreal (1987, en vigor desde 1989) sí logró la adhesión de todos los países de la ONU, el resto de acuerdos y reuniones se han caracterizado por la falta de compromiso y los incumplimientos. Esta circunstancia explica que, desde finales del siglo xx, la mitigación del cambio climático deje paso a una perspectiva que se centra más en la adaptación a su —asumido como inevitable— impacto. En esta tercera fase, que Rahman etiqueta como *antropocéntrica*, se destaca explícitamente el origen humano del calentamiento global y su relación con múltiples factores ambientales.

2.1. La consolidación del concepto de cambio climático

2.1.1. Las definiciones del cambio climático

Pese a que, todavía hoy, uno de los temas más discutidos por los negacionistas[12] en torno al cambio climático es su atribución a la acción de los seres humanos, es importante señalar que ya el documento inicial de la Convención Marco de Naciones Unidas, ratificado en 1994, definía el cambio climático en estos términos:

> «Cambio climático» significa un cambio de clima, atribuido directa o indirectamente a la actividad humana, que altera la composición de la atmós-

tección medioambiental a tres derechos básicos de la ciudadanía: 1) la información, 2) la participación pública en la toma de decisiones, y 3) el acceso a la justicia. Ya en 2012, la Directiva Seveso III de la Unión Europea (directiva 2012/18/UE) obligaba a las empresas en las que se utilicen o almacenen productos químicos o petroquímicos, o donde se refinen metales, a ofrecer información detallada en acceso abierto en internet sobre mecanismos de alarma y procedimientos de actuación durante posibles emergencias.

[12] Que todavía hoy asistamos en la esfera mediática a discusiones sobre si el origen es antropogénico, o incluso sobre si el cambio climático existe realmente, nos da una idea de hasta qué punto los discursos de difusión e información han fallado en sus pretensiones, pero también del poder envolvente de la desinformación, cuyo objetivo final no es exactamente eliminar el saber científico de la ciudadanía, sino erosionar los pactos de veracidad de la esfera pública e instaurar una desconfianza general ante las instituciones, ya sean estas científicas, políticas, jurídicas o de cualquier tipo.

fera global y que se añade a la variabilidad climática natural observada durante períodos de tiempo comparables. (CMNUCC 1994).

En la CMNUCC de 2011 se recurría al Panel Intergubernamental sobre el Cambio Climático, —que es la entidad más científica de los múltiples organismos e instituciones vinculadas al CC— para reforzar la misma idea, que sumaba la acción humana a la variación natural previa:

> El término «cambio climático», en el uso que hace el IPCC, se refiere a un cambio en el estado del clima que puede identificarse (por ejemplo, mediante pruebas estadísticas) por cambios en la media o la variabilidad de sus propiedades, y que persiste durante un período prolongado, normalmente décadas o más. Se refiere a cualquier cambio en el clima a lo largo del tiempo, ya sea debido a la variabilidad natural o como resultado de la actividad humana. (CMNUCC 2011).

Ramos, Callejo y Francescutti (2024, 47-48) han enfatizado el modo en que la incertidumbre protagoniza los sucesivos Informes de Evaluación del IPCC, de manera que resulta posible describir un itinerario desde la posibilidad que emerge en el segundo informe (1995) («una influencia humana discernible»), la evidencia «nueva y más fuerte» del tercero (2001), la probabilidad del cuarto (2007) y el quinto (2013-2014), hasta la certeza del sexto informe en 2023:

> En el último Sexto Informe (2021-2023), la evaluación se convierte en tajante y cualitativa: «La actividad humana, principalmente a través de la emisión de gases invernadero, *ha causado inequívocamente el calentamiento global*» (IPCC 2023: A.1.; cursiva nuestra). Resulta así que lo que solo se podía conjeturar, para después ya probabilizar, se convierte en inequívoco: al final del trayecto, hay certeza sobre un CC antropógeno.

Evidentemente, la incertidumbre que caracteriza la investigación científica no es compatible con una opinión pública que exige certezas y garantías, pero esto es así porque la incertidumbre puede darse tanto en los enunciados como en las enunciaciones, algo que se plasma en el discurso con diferencias de modalidad pragmática. De ahí que sea necesario diferenciar la divulgación científica (y su traslación a la prensa y el discurso público en general) del discurso estrictamente científico-académico, puesto que se trata de acontecimientos comunicativos diferentes. No obstante, veremos que la prensa se hace eco de las condiciones en que se negocian los términos de la redacción final de estos informes, con habituales presiones políticas que minimizan el problema y que llevan a los responsables científicos del IPCC a denunciar injerencias.

2.1.2. Tres breves apuntes contextuales

Como hemos dicho, la ONU creó en 1988 el Panel Intergubernamental sobre el Cambio Climático (IPCC), y en 1992, en la Cumbre del Clima de Río de Janeiro, se constituyó la Convención Marco de las Naciones Unidas para el Cambio Climático (CMNUCC). Para entender los procesos comunicativos que se han desarrollado durante estas casi cuatro décadas en torno al problema del cambio climático, creemos necesario dedicar algunos párrafos al escenario político-discursivo global en el que se produce la creación de estos organismos, pues el discurso público (y el privado) se despliega siempre en contextos sociopolíticos concretos. Lo hacemos, inevitablemente, de una forma simplificada, pues pretendemos tan solo contextualizar algunas preguntas que surgen cuando se analiza el modo en que nuestras sociedades afrontan la comunicación sobre el cambio climático desde su identificación como riesgo grave: ¿por qué los gobiernos no hacen caso al discurso científico de las y los expertos?, ¿por qué los ciudadanos eligen gobiernos cuyo discurso político los declara abiertamente negacionistas?, ¿por qué el incumplimiento de las normativas y leyes de cambio climático no tiene consecuencias más contundentes para las empresas contaminantes?, ¿cómo se pretende que la ciudadanía cambie sus hábitos si las opciones más contaminantes, por ejemplo en el transporte, son las más económicas?, ¿cómo es posible que el discurso general sobre la gravedad y el alcance de la emergencia climática parezca dejar indiferente a gobiernos y ciudadanía, si nos jugamos tantísimo?, ¿qué explica que los discursos solemnes y compromisorios de los políticos no se traduzcan en acciones y decisiones políticas coherentes?, ¿cómo puede ser que algo tan importante no se enseñe más y mejor en las escuelas?, ¿por qué los habitantes de zonas de riesgo no son informados a tiempo de las conductas de prevención recomendables?, ¿cómo es posible que algunas personas estén dispuestas a creer teorías conspirativas como que las estelas de los aviones incluyen productos químicos liberados por los gobiernos para manipular el clima o controlar a la población?, etcétera.

Para responder a este tipo de preguntas es imprescindible considerar los circuitos comunicativos y persuasivos de las sociedades actuales, que no son los mismos de la época predigital, pese a que muchos de sus rasgos socioculturales hunden sus raíces en el último tercio del s. xx (Gallardo Paúls 2018). Podemos resumir la escena señalando como base explicativa de fondo la confluencia de las tecnologías digitales y el neoliberalismo; en ese encuentro, seleccionamos tres factores especialmente relevantes que proporcionan contexto a los desajustes discurso/realidad que surgirán en la sección II.

En primer lugar, destacamos el vuelco conservador generalizado que se produce en el ámbito económico-político de la mano del neoliberalismo. Entre 1981 y 1989 Estados Unidos tuvo como presidente a Ronald Reagan, del partido Republicano, al que sucedería George H. W. Bush, del mismo partido. Simultáneamente, en Europa, Margaret Thatcher ostentó el cargo de primera ministra del Reino Unido entre 1979 y 1990. La llamada «Era Reagan-Thatcher» —que alude a estos dos gobiernos pero trasciende los límites de sus países[13]— supuso, como es sabido, el impulso decidido a las políticas neoliberales, la desregulación de los mercados y la privatización de empresas públicas, así como pasos decisivos hacia el desmantelamiento del Estado de Bienestar. Es necesario tener presente que estos procesos de pérdida de peso de los Estados —que se producen con distintos niveles de fluidez y de resistencia en las distintas esferas de las políticas públicas—, actúan como escenario de todo el proceso de gestión del cambio climático impulsado por la ONU en esos años, facilitando cuestiones como, entre otras, la primacía del mercado sobre la acción regulatoria de los gobiernos, la tendencia a la

---

[13]   «La desregulación, la privatización, y el abandono por el Estado de muchas áreas de la provisión social han sido generalizadas. Prácticamente todos los Estados, desde los recientemente creados tras el derrumbe de la Unión Soviética, hasta las socialdemocracias y los Estados de bienestar tradicionales, como Nueva Zelanda y Suecia, han abrazado en ocasiones de manera voluntaria y en otras obedeciendo a poderosas presiones, alguna versión de la teoría neoliberal y, al menos, han ajustado algunas de sus políticas y de sus prácticas a tales premisas. Sudáfrica se adscribió al neoliberalismo rápidamente después del fin del *apartheid* e incluso la China contemporánea, tal y como veremos más adelante, parece que se está encaminando en esta dirección. Por otro lado, actualmente, los defensores de la vía neoliberal ocupan puestos de considerable influencia en el ámbito académico (en universidades y en muchos *think-tanks*), en los medios de comunicación, en las entidades financieras y juntas directivas de las corporaciones, en las instituciones cardinales del Estado (como ministerios de Economía o bancos centrales) y, asimismo, en las instituciones internacionales que regulan el mercado y la finanzas a escala global, como el Fondo Monetario Internacional (FMI), el Banco Mundial (BM) y la Organización Mundial del Comercio (OMC). En definitiva, el neoliberalismo se ha tornado hegemónico como forma de discurso». (Harvey 2005, 7).

mercantilización y explotación de los recursos naturales, el cabildeo de las grandes empresas interfiriendo en la formulación de políticas ambientales, el cortoplacismo en el abordaje de los problemas, o el incremento de las desigualdades (Hall 1988; Brown 2016, 2019). Todas estas transformaciones se realizan paulatinamente, mediante un proceso de «consentimiento popular» democrático (Harvey 2005, 48) que continúa expandiéndose en 2024 y 2025 (Romero 2025, 35-36). Flores (2025, 116) resume así los vínculos de esta derechización global con el abordaje político del cambio climático:

> El cambio climático está produciendo ya situaciones extremas (el año 2024 el calentamiento del planeta alcanzó 1,5° respecto a los niveles preindustriales). Las que puntualmente provocan la pérdida de vidas, destrucción de viviendas, cultivos y negocios (como incendios e inundaciones), y las que de modo constante impactan en la salud de las personas más vulnerables (calor extremo) y convierten en refugiados climáticos a quienes emigran de territorios devastados por las sequías o por la subida del nivel del mar. Que la crisis climática es consecuencia de la actividad humana esta fuera de toda duda razonable, pero los avances que pueden revertirla son muy débiles todavía. La Cumbre del Clima de Bakú, en 2024, se cerró *in extremis* (fuera de plazo) con un acuerdo de mínimos más que decepcionante. La ola reaccionaria y negacionista que llega a los gobiernos de muchos países relevantes no augura un futuro optimista.

En segundo lugar, creemos igualmente imprescindible considerar el modo en que estas políticas afectaron a los modelos educativos implementados por los gobiernos, pues tales modelos dan forma al modo en que cada sociedad concibe el saber científico (y casi todo lo demás). Frente a los enfoques posteriores a la II Guerra Mundial, de raíz keynesiana, que concebían la educación como un derecho universal, de financiación y gestión pública, y cuyo objetivo último era la igualdad de oportunidades mediante currículos de desarrollo integral, los modelos neoliberales optaron por privatizaciones parciales de la educación, programas de estandarización que no consideraban la inequidad de origen entre el alumnado, currículos «flexibles» que minimizaban la enseñanza de las humanidades y —con ellas— la capacidad crítica, etc. (Novak & Gowin 1984; Coll 1988; Phillips 1994; Puiggros 1996). Así, mediante las sucesivas reformas de los sistemas públicos de enseñanza, la lógica de mercado se implantó en los sistemas educativos de los países occidentales, que desplazaban el foco en el saber (los contenidos) para poner el énfasis en las competencias (el famoso «saber hacer»). El llamado *Plan Bolonia*, que unificaba los sistemas universitarios europeos en el Espacio Europeo de Educación Superior, puede considerarse en este sentido como una culminación integradora del sistema educativo neoliberal, que concibe al estudiante como trabajador competente más que como ciudadano demócrata, partícipe de un devenir sociohistórico (Hursh 2007; Riesco 2008; Viñao 2012).

En estos modelos educativos el éxito individual —con la figura del «emprendedor» como héroe social (Santamaría 2018, 28)— no se vincula al bienestar colectivo; y el éxito académico, por su parte, pasa a convertirse en cuestión de responsabilidad personal (con eufemismos como «aprendizaje autónomo» o «cultura del esfuerzo»), lo que, de paso, legitima y naturaliza la estratificación del alumnado sin considerar el valor decisivo de las desigualdades estructurales. En consecuencia, el modelo de ciudadanía asociado (y aprendido) es un modelo basado sobre todo en el consumismo y la competitividad. El individualismo que ya Weber había asociado a la lógica capitalista culmina en el sistema neoliberal colocando al individuo en el centro de la actividad económica, y relegando a segundo plano las estructuras colectivas, como los sindicatos, los partidos, las organizaciones no gubernamentales, o el propio Estado (Harvey 2005).

> Ya no tenemos movimientos políticos. Aunque miles de nosotros podamos acudir a una manifestación o a un mitin, en esas ocasiones nos une un solo interés común. Cualquier esfuerzo para convertir tales intereses en metas colectivas suele chocar con el individualismo fragmentado de nuestras preocupaciones. Objetivos muy loables —la lucha contra el cambio climático, la oposición a la guerra, la defensa de la sanidad pública o de la necesidad de penalizar a los banqueros— solo están ligados por la expresión de esa emoción. (Judt 2010, 104).

Los ciudadanos españoles[14] nacidos en 1984-1985 son la primera generación cuya formación respondió íntegramente a este modelo, que se ha ido mo-

---

[14] En España (López Guerra 1983; Cabrera 2007; Viñao 2012), este cambio de modelo educativo sustituiría el sistema de la ley franquista de 1970 (EGB, Educación General Básica, BUP, Bachillerato Unificado Polivalente, y COU, Curso de Orientación Universitaria) por el modelo LOGSE. La Ley Orgánica de Ordenación General del Sistema Educativo de España fue propuesta por el ministro socialista de Educación Javier Solana y aprobada en 1990; la nueva estructura constaba de Educación Primaria (de 6 a 12 años), ESO (Enseñanza Secundaria Obligatoria, cuatro cursos de 12 a 16 años), y Bachillerato LOGSE (de 16 a 18 años, implantado en el curso 1999-2000). Por supuesto, las modificaciones de estructura del currículo son solo la manifestación externa (y reconocible) del cambio en la concepción general de la educación pública y de su rol social.

dificando con la interminable aprobación de nuevas leyes educativas. Y cuando esta primera «generación LOGSE» alcanza los 20 años, la esfera pública —todavía instalada en la tecnolatría entusiasta de los inicios de la digitalización— los acoge con el ecosistema envolvente de las primeras redes sociales (Myspace en 2003, Facebook en 2004 y Twitter en 2006), que han ido evolucionando hasta convertirse en el canal informativo prioritario de las generaciones (cada vez menos) jóvenes; un canal que, como sabemos, se menciona reiteradamente como un foco esencial de la desinformación, climática y de todo tipo. Pero es importante entender que las redes no son emisores *per se*, sino plataformas de difusión de mensajes ajenos, que solo se convierten en emisores en la medida en que sus gestores deciden mediante algoritmos opacos qué perfiles cobran mayor visibilidad y cuáles la pierden. Lo decisivo no es que una estudiante se informe mediante TikTok, sino cuáles son los perfiles que aparecen priorizados en su pantalla mediante los algoritmos de esa empresa privada y, sobre todo, cuál es el grado de credibilidad que ella les otorga.

Todos los cambios educativos propiciados por el programa neoliberal son importantes porque ayudan a la consolidación de lo que Bronner (2013) ha llamado «la democracia de los crédulos», en la que se facilita la propagación de creencias extremas e irracionales, algo estrechamente vinculado al éxito de la desinformación climática y los constructos conspirativos asociados. Es necesario un escenario importante de credulidad acrítica para que una parte de la ciudadanía acepte de buen grado que, por ejemplo, los gobiernos o ciertos grupos de poder rocían productos químicos desde los aviones para alterar el clima o desarrollar control mental de la población, o que el programa estadounidense HAARP (*High Frequency Active Auroral Research Program*) no persigue estudiar la ionosfera sino causar desastres naturales (huracanes, terremotos, sequías), o que ciertas élites están preparando un apagón eléctrico global para reiniciar el sistema económico mundial.

El tercer factor que queremos destacar en el contexto socio-discursivo de concienciación sobre el cambio climático cobra fuerza también en la década de los 90 del siglo XX. Se trata del llamado «giro afectivo», en virtud del cual la dimensión afectiva del discurso público (pero también de otros discursos institucionales) desplaza progresivamente la dimensión estrictamente racional (Hochschild 1983; Marcus 2000; Clough 2007; Stenner 2013); consecuentemente, lo individual, personal, desplaza lo colectivo, social. Esta prioridad de lo afectivo se alía rápidamente con las tendencias espectacularizantes de la realidad que habían sido alentadas por los medios de comunicación de masas, sobre todo la televisión, desde mitad del siglo XX. La política enfatizará especialmente su atención a esa dimensión afectiva de lo público, fomentándola con vehemencia, e incluirá en ella la labor de los logógrafos y los directores de comunicación, entusiastas lectores de textos como *Storytelling* (Christian Salmon 1997) o *No pienses en un elefante* (George Lakoff 2004), y obsesionados con la reducción del discurso político a «relatos» y «emociones». Una de las consecuencias más importantes del giro afectivo es la tendencia a la polarización del discurso, que puede interpretarse como reflejo de una polarización socioeconómica previa (Jay *et al.* 2019).

En términos generales e inevitablemente reduccionistas —puesto que, insistimos, este es solo un apartado de brevísima contextualización— podríamos decir que frente a la visión equilibrada propia de la retórica clásica (equilibrada entre la persuasión racional del *logos*, y la persuasión afectiva del *ethos* y el *pathos*), el giro afectivo aplicado al discurso público supondrá descuidar el argumento racional (y, con él, la *auctoritas* científica[15]) e interpelar a la ciudadanía desde la dimensión ética que emana de la credibilidad de los emisores y la dimensión afectiva que apunta a sus emociones. En suma, estos mensajes construyen un destinatario/elector que es más un sujeto pasional y atolondrado que un sujeto de decisiones racionales. En lo formal, esto supone que el discurso público confía su expansión (su «viralización») a la adopción de formatos cortos, de textualidad narrativa e impactantes emocionalmente; el estilo sensacionalista se generaliza. Y los medios de comunicación tradicionales, cómplices involuntarios y perjudicados directamente por el auge de las empresas de redes sociales de las grandes tecnológicas, se mimetizan pronto con este estilo discursivo mediante estrategias de *clickbait*, ludificación o dramatismo, es decir, técnicas discursivas que radicalizan la ya mencionada espectacularización iniciada medio siglo antes por la televisión (Postman 1985; Díaz Nosty 2009, 103).

Creemos que estos datos contextuales, aunque expuestos de forma tan esquemática, son importantes para entender los procesos comunicativos públicos del siglo xxi, pues condicionan la efectividad de las interacciones verbales y definen el escenario idóneo para el desarrollo de las retóricas populistas que cobran fuerza en la segunda década del s. xxi. Este apunte contextual es relevante también a la hora de interpretar la bibliografía que manejaremos so-

---

[15] Los múltiples desplazamientos discursivos que se producen en la esfera pública de la mano de la digitalización suponen, entre otras cosas, una ruptura de los pactos de veracidad asumidos genéricamente desde la Ilustración; la *auctoritas* tradicionalmente asumida para el discurso de la ciencia, el discurso jurídico y, con matices, el discurso de los medios de comunicación pasa a ser cuestionada de manera sistemática (Gallardo Paúls 2018; 2022).

bre la comunicación del cambio climático; por ejemplo, reivindicar la formación científica ciudadana en los años 80 y 90 del siglo pasado supone asumir premisas sobre una racionalidad pública que son necesariamente distintas a las del momento actual.

2.2. Abordajes básicos de la comunicación del cambio climático

Desde sus comienzos, el discurso de los medios de comunicación sobre los temas ambientales y la crisis climática ha recibido miradas críticas que señalaban algunas debilidades. Por ejemplo, Hanssen (1991, 443) indicaba como problema fundamental el ser una comunicación orientada a la difusión, que podía impactar en la opinión pública o en la toma de decisiones políticas, pero que consideraba el problema de forma insuficiente: «sin apreciar debidamente la interacción dinámica de estos diferentes foros de producción de significados y sin reconocer debidamente el contexto cultural más amplio de las definiciones del medio ambiente».

La bibliografía insiste en que la comunicación del cambio climático —entendida en sentido amplio, sin limitarse a la prensa— ha adoptado dos encuadres tradicionales que, curiosamente, suelen presentarse como excluyentes: o bien se enfoca como comunicación científica[16], cuyos canales de difusión básicos serían el periodismo especializado, la divulgación científica y la comunicación gubernamental/institucional, o bien se enfoca como comunicación motivacional, preocupada por el impacto emocional que lleva al destinatario a actuar: «los esfuerzos de comunicación han cambiado: de convencer a la

---

[16] Las teorías epistemológicas suelen diferenciar dos enfoques respecto al saber científico de la ciudadanía. El primero se vincula al modelo de la «alfabetización científica» curricular de los años 60 —que se había fraguado en el marco de la carrera espacial entre Estados Unidos y la Unión Soviética—, y se centra en formar a los ciudadanos como estudiantes preparados para sociedades cada vez más tecnologizadas; este paradigma se denomina a veces «Ciencia, Tecnología y Sociedad, CTS». El segundo corresponde a los modelos de «cultura científica» o «comprensión pública de la ciencia», que se consolidan en los años 80 del siglo xx; esta perspectiva focaliza la necesidad de que los ciudadanos dispongan de una cultura científica amplia que les facilite comprender y adaptarse a los desafíos de las sociedades contemporáneas, pero sin que esto exija un conocimiento académico especializado; es decir, que dotan a la alfabetización científica de un carácter más social que científico-experimental, pues la ciencia se concibe como producto de la cultura en la que se desarrolla. (Ballesteros-Ballesteros y Gallego-Torres 2022). Esto exige ingredientes de confianza en la ciencia como institución que están en franco retroceso (Innerarity 2020).

gente de que el cambio climático está ocurriendo a persuadirla de que adopte medidas prácticas para afrontarlo» (Nerlich, Koteyko y Brown 2010, 98).

En el primer caso, el énfasis se centra en el emisor, representado generalmente por la voz científica que aporta el conocimiento necesario para que todos los demás implicados entiendan y afronten el problema; la cuestión fundamental de estos enfoques es identificar el modo más eficaz de trasladar a la ciudadanía el consenso científico. En el sistema mediático, esta perspectiva incluye el periodismo ambiental en el escenario más amplio de la comunicación científica, y por lo general asume el *paradigma del déficit*, según el cual lo deseable es que la ciudadanía aumente su saber científico, con la premisa de que cuanto mejor entienda los problemas existentes más preparada estará para afrontarlos de una manera racional y para participar en los procesos democráticos de decisión. La función informativa —y pedagógica— del mensaje es, pues, central en estos discursos, aunque se tienen en cuenta algunas variables contextuales, por ejemplo referidas a la credibilidad ciudadana (López Cerezo 2008).

Por el contrario, el segundo tipo de encuadre se centra en el receptor y, más allá de sus competencias cognitivas, trata de entender cuáles son los factores psicológicos que condicionan su adhesión a unos y no otros discursos. Normalmente estos estudios se apoyan en la teoría psicológica del razonamiento motivado (Kunda 1990), según la cual el procesamiento racional de la información está condicionado (sesgado) por factores emocionales o aspiracionales que pueden ser de dos tipos básicos: existe una motivación dirigida a la precisión (que lleva a las personas a reaccionar mejor ante las informaciones que perciben como objetivas y bien fundamentadas) y una motivación dirigida al resultado deseado (según la cual las personas buscan la confirmación de sus creencias previas, o aquellos mensajes que se alineen con sus intereses y objetivos). Es frecuente que estos estudios no trabajen con datos ecológicos, sino que se basen en pruebas experimentales y no contextualizadas, como encuestas o estudios de reacción (Hart y Nisbet 2012; Ma, Dixon & Hmielowski 2019; van der Linden, Maibach & Leiserowitz 2019).

2.2.1. La comunicación del consenso científico

Como se ha dicho, las teorías del consenso científico pretenden paliar la brecha de conocimiento que existe entre la opinión pública y la ciencia; este modelo general de comunicación científica asume un déficit de saber en la ciudadanía, y acepta la premisa de que cuanto mayor sea el esfuerzo comunicativo, más se reducirá ese déficit; cuanta más información científica esté disponible para la ciudadanía (los «legos»), mayor será su aceptación de los avances científicos y tecnológicos.

Esta posición responde al marco genérico de lo que Stephen H. Schneider (2010) llamó *mediarology* o alfabetización medioambiental de los periodistas[17], y entronca con la creencia generalmente aceptada de que trasladar el saber científico a la ciudadanía y la opinión pública es algo plausible; en la democracia deliberativa este saber resulta, de hecho, esencial, para que la ciudadanía pueda participar de la toma de decisiones (Jasanoff 2010). Gil y Vilches (2006) citan en este sentido la existencia de múltiples declaraciones de organismos internacionales que, desde el *Informe Bodmer*[18] de 1985, recomiendan la alfabetización científica como una prioridad en la educación cívica (por ejemplo, la Declaración de Budapest de 1999, surgida en la Conferencia Mundial sobre la Ciencia para el siglo XXI de la UNESCO). Por su parte, Boykoff (2009, 119) recuerda que según algunos estudios el conocimiento exacto de las causas del cambio climático puede funcionar como predictor de la acción individual.

Bayes, Bolsen y Druckman (2023) destacan entre estas propuestas el modelo GBM (*Gateway Belief Model*), o Modelo de Creencias de Entrada que ilustra el Gráfico 4 (van der Linden *et al.* 2015; 2019). Esta teoría propone que si se traslada a la ciudadanía el consenso entre los científicos (por ejemplo, mediante titulares del tipo «El 97% de los científicos del clima creen en el cambio climático causado por el hombre»), se aumentará la confianza en la ciencia y, por extensión, se provocarán «cambios en cascada en otras creencias clave sobre el tema, como la creencia de que el cambio climático está sucediendo, es causado por el hombre y es un riesgo preocupante que requiere coordinación internacional» (van der Linden, Leiserowitz y Maibach 2019, 50).

---

[17] Schneider (2010, 198) señalaba las distancias entre los estilos discursivos de la ciencia y el periodismo, y defendía la necesidad de que, en la interacción de los científicos con los periodistas ambientales, se abordaran cuestiones metacomunicativas de tal manera que, por ejemplo, ambos grupos pudieran llegar a compartir el concepto de lo que es noticiable.

[18] El Informe Bodmer se titula *The Public Understanding of Science*. Fue publicado por la *Royal Society* en 1985 y elaborado por una comisión que presidía el genetista Walter Bodmer. Abogaba por la necesaria difusión social del conocimiento científico y la implicación de las sociedades científicas y de los investigadores en esa difusión.

**Gráfico 4. Elementos y flujos del modelo teórico de Creencias de entrada
(Gateway Belief Model)**

Fuente: traducción propia de van der Linden, Leiserowitz y Maibach 2019.

El paso inmediato a la aceptación de las conclusiones científicas sería, en fin, el apoyo decidido por parte de la ciudadanía a las políticas climáticas promovidas por los organismos internacionales y los gobiernos. El consenso no se refiere solo a la existencia del cambio climático y su origen antropogénico, sino también a otros factores, como la creencia en el calentamiento global o el respaldo de las políticas públicas ecológicas. No obstante, aunque parece probado que enfatizar el consenso científico sobre el cambio climático resulta imprescindible, es más discutible que su admisión por parte de la ciudadanía se acompañe de cambios en la acción y en la posición política (Bayes, Bolsen y Druckman 2023).

En este sentido resulta interesante un trabajo de Schnegg, O'Brian y Sievert (2021), sobre cómo la aceptación ciudadana del consenso científico se ve filtrada por los diferentes contextos. A partir del estudio de 28 trabajos etnográficos[19] sobre el conocimiento del cambio climático, señalan que la aceptación del consenso científico respecto a su origen antropogénico, sin duda confirmada por cada vez más encuestas internacionales, se combina de manera general con el saber local de cada comunidad; se apoyan para ello en la idea (no solo) foucaultiana de que los discursos se nutren de formas y

---

[19] Referidos a Alaska, Bangladesh, Bolivia, China (sudeste), Ecuador, Estados Unidos, Etiopía, Filipinas, Guyana, India (Bengaluru, Rajastán, Uttarakhand), Islas Marshall, Italia, Lagos, Micronesia, Namibia, Nepal, Nigeria, Perú, Rusia (Siberia), Tanzania (masáis) y Uganda.

creencias sociales preexistentes. La confluencia de estos dos saberes, que podemos catalogar como científico y cultural, se refleja en relaciones diferentes que afectan al modo en que se distribuyen las responsabilidades humanas (las culpas) ante el cambio climático. Distinguen tres modelos típicos, entre los que el primero es el más documentado:

1. Modelos híbridos («criollización» o «mestizaje»), que fusionan ambos tipos de saber/de discurso. En general, Schnegg, O'Brian y Sievert detectan que «la gente le da sentido al cambio climático y al medio ambiente a través de un discurso dominante sobre una moralidad decadente, que a su vez está conectada con la noción de autoculpa» (2021, 333). En estos modelos emergen dos tendencias importantes e interconectadas respecto a cómo las personas interpretan el origen antropogénico del cambio climático:

a. Moralización: el discurso científico se integra en los modos locales de conocimiento; por ejemplo, los cambios en los patrones climáticos se pueden interpretar a la luz del discurso religioso dominante (masáis de Tanzania) o de las acciones locales de desarrollo (habitantes de los Apalaches del sur), sin considerar los factores globales.

b. Autoculpabilización: se trata de una autoculpabilización colectiva, que puede o no incorporar al propio sujeto. Esta culpa es una traslación directa de lo que significa asumir el origen antropogénico.

2. Modelos de imposición y resistencia, en los que normalmente el saber científico intenta extenderse pero choca con las creencias locales sobre el clima y la naturaleza; en estos modelos puede entenderse que «el conocimiento científico-climático puede ejercer suficiente poder para reemplazar las relaciones ya existentes entre las personas y el clima» (2021, 330).

3. Modelos plurales, en los que las personas, individual pero no grupalmente, adaptan sus creencias según cada situación comunicativa.

En la mayoría de los casos analizados, Schnegg, O'Brian y Sievert encuentran la tendencia a que las personas intenten arraigar las conclusiones científicas y compatibilizarlas con sus creencias culturales, lo que las lleva a cuestionar «el esfuerzo y el gasto masivos de las organizaciones occidentales globales para difundir el discurso científico sobre el cambio climático»:

las personas tienen diferentes entendimientos de la interacción entre los seres humanos y el medio ambiente (cómo su propio comportamiento influye directamente en su mundo) y, por lo tanto, también de «su» clima. Si el «clima», incluida la lluvia, el aire, los vientos o el hielo, es algo diferente (local, animado, generador de vida), no es sorprendente que se requiera una explicación diferente cuando cambia. Una de las discusiones que nuestro artículo puede estimular es si no deberíamos ser más abiertos a esta diferencia ontológica y preguntarnos si los fenómenos que experimentan los científicos y los legos son realmente los mismos. Si no fuera así, se podría pensar en una forma diferente de comunicar la ciencia. (2021, 337).

En el ámbito occidental, la preocupación por el grado de conocimiento científico que tiene la población en torno al cambio climático constituye una de las inquietudes habituales en la bibliografía, y responde a la ya mencionada centralidad conceptual de la naturaleza, el medioambiente o el propio cambio climático. Este es, como hemos indicado, el marco que se instala en la esfera pública y mediática desde el último tercio del siglo xx. Por ejemplo, Meira (2013) presenta un estudio longitudinal basado en encuestas de 2008, 2010 y 2012, que miden el nivel de conocimiento de los ciudadanos de la problemática del cambio climático, así como sus fuentes de información o su percepción de amenaza. La premisa que sustenta este tipo de estudios asume que:

> es necesario cultivar una ciudadanía que tenga un conocimiento más ajustado y significativo del fenómeno, tanto de su representación científica como de sus dimensiones sociales, lo que debe llevar a una mejor identificación de sus causas y de sus consecuencias a nivel global, regional y local para mejorar el conocimiento y la comprensión de la amenaza. (Meira 2013, 87).

No obstante, como veremos al abordar la dimensión interactiva del encuadre, cada vez se hace más evidente la interferencia de otros tipos de creencias y saberes (como la ideología política, la adhesión partidista o la flexibilidad cognitiva) en la aceptación del saber científico. Además, cuando se intenta que la ciencia —y, con ella, el consenso científico sobre el cambio climático— llegue a la ciudadanía a través de los medios de comunicación surgen desajustes que obedecen a varios motivos. En primer lugar (Díaz-Nosty 2009; Schäfer y Painter 2020), la comunicación científica no puede encajar en los estándares de construcción de la neutralidad/objetividad de la prensa, preocupada por ofrecer al destinatario todos los enfoques posibles de cada asunto; el argumento de la pluralidad de voces se convierte a menudo en una excusa para legitimar las opiniones negacionistas y para «debatir» cuestiones que la ciencia ha demostrado, ya sea la efectividad de las vacunas o la realidad del cambio climático. La Figura 1 muestra una noticia de *The Guardian* del día 26 de agosto de 2018, que se hace eco de una carta enviada por un grupo de 57 científicos y políticos negándose a debatir en los medios de comunicación sobre la existencia del cambio climático.

Figura 1. Noticia en *The Guardian* (26/08/2018) sobre la negativa de un grupo de científicos y políticos a debatir sobre la existencia del cambio climático . Fuente: Porritt et al. 2018

En segundo lugar, las previsiones sobre el efecto positivo de la alfabetización científica ciudadana chocan con la evolución que ha tenido el sistema mediático y los hábitos de consumo informativo en las últimas décadas:

En Norteamérica y Europa surgen iniciativas con diversas orientaciones que buscan crear conciencia social acerca de los problemas medioambientales, ahora más necesaria ante las alertas científicas que describen un horizonte crítico. Existe, no obstante, una amplia coincidencia en los ámbitos profesionales y académicos del periodismo acerca de la progresiva degradación del peso de la información de actualidad en el contenido de los medios. El entretenimiento y el ocio se significan más en la dieta mediática, mientras que la información se destila a través de formatos y expresiones en las que se devalúan los nutrientes de la opinión pública. Se reduce y atenúa la relación del individuo en su proyección social; esto es, se le da un carácter más individual que social y se orienta la economía de su atención a expresiones de «cultura feliz» que esterilizan la formación del juicio crítico. (…) Los marcos empobrecidos en las prácticas mediáticas y el fuerte peso del espectáculo en los contenidos dificultan sobremanera la estimulación de la conciencia crítica. (Díaz-Nosty 2009, 103).

Por último, las dudas que plantea la consideración del periodismo ambiental y, en general, la comunicación sobre el cambio climático como comunicación científica surgen, tal y como subrayan algunos autores (Kahan 2015, 2016; Bayes, Bolsen y Druckman 2023), por la demostrada debilidad de sus efectos. Cabe pensar que todos estos años de transmisión del consenso científico no han conseguido la respuesta esperada por parte de la ciudadanía. Como hemos apuntado en las notas de contextualización, los motivos son múltiples, y uno de ellos es sin duda la integración de los distintos tipos de receptor en el proceso comunicativo:

Los valores y las emociones se sitúan en contextos específicos, para fines específicos y en relación con grupos específicos que un enfoque retórico más cualitativo puede estimar mejor (…). Esos valores y emociones están profundamente arraigados en el lenguaje de los científicos, los funcionarios o el público, y por lo tanto suelen ser invisibles para ellos. Pero otros públicos pueden reaccionar e interpretar el lenguaje, los valores y las emociones de maneras no previstas ni deseadas. No importa cuán lógico o claro parezca un «mensaje» para un grupo; puede comunicar y provocar valores y emociones diferentes en otro. (Katz 2001, 96).

2.2.2. La comunicación afectiva y orientada a la acción climática

La atención a los destinatarios es precisamente lo que justifica que otros investigadores (Wynne 1992; Nerlich, Koteyko y Brown 2010; Druckman 2012; Druckman y McGrath, 2019) critiquen los modelos del consenso cien-

tífico y señalen la necesidad de saber cómo implicar emocional y conductual-
mente a los ciudadanos. Por un lado, se critica que las visiones científicas no
tengan anclaje en la realidad social:

> Es sorprendente cómo los discursos de política ambiental logran separar
> eficazmente la atención técnica sobre la producción limpia y las dimen-
> siones sociales —también materiales— que suponen el aumento en el uso
> de recursos y la generación de desechos (incluidos los productos que se
> descartan). (Wynne 1992, 111).

Por otro lado, se considera que es fundamental averiguar cuáles son los
factores que motivan a los ciudadanos en su recepción interpretativa de la
comunicación sobre el cambio climático, y se atiende a diversas variables,
como la identificación intelectual o ideológica-partidista con el emisor,
o el nivel económico y sociocultural. El objetivo último es vincular la
persuasión a los aspectos afectivos de la comunicación, ya sean éticos o
emocionales.

Muchos de estos estudios proponen que, para mejorar la eficacia persuasiva de los mensajes, los procesos comunicativos no deben ser de arriba-abajo
(expertos→ ciudadanos) sino a la inversa, desde planteamientos compatibles
con la democracia deliberativa; esto, a su vez, exige estudiar tanto la percepción pública del cambio climático como también el modo en que los expertos
conciben al público. Algunos trabajos (Hart y Nisbet 2012; Cook y Lewandowsky 2016; Ma *et al.* 2019) llegan a sugerir que el mensaje de consenso
científico puede ser contraproducente, pues logra que los escépticos acentúen
sus dudas sobre la ciencia y su rechazo a las políticas contra el cambio climático. Estas reacciones contrarias pueden obedecer a la «renuencia psicológica», es decir, una «respuesta de oposición a la presión percibida para el cambio [de creencias], que se produce cuando una persona cree que un mensaje
amenaza su acción o su libertad» (Ma *et al.* 2019, 72).

En estas situaciones los individuos pueden creer que se les está intentando
manipular, de forma que rechazar los mensajes forma parte de una afirmación
de independencia y, en consecuencia, aún se reafirman más en las actitudes
negacionistas. Nerlich, Koteyko y Brown (2010, 100) suman un enfoque específico de este tipo de trabajos, que intenta focalizar la dimensión conductual, es decir, lograr que esa implicación afectiva se traduzca en conductas de
sostenibilidad, pero concluyen tajantemente que «el modelo directivo (*con-
duit model*) de comunicación no funciona».

Los enfoques antropológicos y las teorías culturales completan esta perspectiva centrada en los receptores subrayando la importancia de comunicar la emergencia climática en relación con los seres humanos y con sus contextos culturales, cada uno de los cuales incluye una consideración específica de la naturaleza y el medio ambiente:

> Pese a ser considerado un problema grave para todos los seres humanos en tiempos presentes y futuros, el cambio climático no es directamente perceptible. El conocimiento sobre las causas y los efectos del calentamiento global tiene que ser mediado y solo puede llegar a ser socialmente relevante en lugares concretos si se conecta con experiencias de vida generales y patrones culturales específicos de interpretación del medio ambiente. (Greschke 2015, 123).

Para estos enfoques resulta fundamental el modo en que cada grupo poblacional concibe el medio ambiente. En este sentido, ya Killingsworth y Palmer habían identificado en su libro de 1992, *Ecospeak*, un «continuum de descripciones de la naturaleza» que incluye tres grandes enfoques: el medio natural como «objeto», como «recurso» o como «espíritu» (cf. Gráfico 9). Son tres grandes concepciones que configuran a su vez tres grandes estilos discursivos:

• Discurso científico: este discurso es el que Rahman (2013) describía como un discurso guiado por la «curiosidad investigadora»; la perspectiva científica del mundo natural intenta explicarla, describirla con datos, y entender su funcionamiento y evolución. La naturaleza, como ya sugería Stavrakakis, se convierte en el punto nodal de este encuadre.
• Discurso regulatorio: corresponde a las instituciones de poder, cuyas decisiones tienen capacidad de orientar las políticas medioambientales en una u otra decisión; la naturaleza es concebida como fuente de recursos que facilitan el bienestar social. Este discurso remite a la acción política necesaria para facilitar los procesos de mitigación y adaptación.
• Discurso místico/poético: en la actualidad este discurso misticista (el que apunta al tópico de «la madre Naturaleza») puede ser entendido como una radicalización del enfoque ecologista del medio ambiente, más presente en la esfera pública, que considera la naturaleza como un sistema complejo cuyo valor es intrínseco e independiente de la utilidad que puede tener para las sociedades humanas. Los discursos ecologistas focalizan un desarrollo sostenible que permita un equili-

brio entre los seres humanos y el entorno medioambiental, entendiendo que ese equilibrio es fuente de bienestar.

En un interesante trabajo, Hase, Mahl, Schäfer y Keller (2021) detectan diferencias entre el modo en que los medios de comunicación del Sur Global abordan el tratamiento del cambio climático. Estos autores subrayan que «que las políticas, la investigación y la comunicación relativas al cambio climático están dominadas por el Norte Global», y también prestan atención al hecho de que los países del Sur Global[20] tienen menos recursos para la cobertura periodística y, en consecuencia, hay menos tradición de un periodismo científico que en el Norte Global; indican que las culturas periodísticas son diferentes, y que los profesionales del Sur «están más interesados en ayudar al desarrollo nacional y al cambio social y menos en actuar como observadores distantes y adversos». Su investigación realiza un análisis automatizado de la cobertura del tema entre 2006 y 2018 en diez países (Alemania, Australia, Canadá, Estados Unidos, India, Nueva Zelanda, Namibia, Reino Unido, Sudáfrica, Tailandia), con un corpus de 71.674 piezas periodísticas, y concluye que el enfoque cientifista predomina en los medios de comunicación de los países industrializados, mientras que en el Sur Global se enfatiza más el impacto del cambio climático para la sociedad general y para la vida cotidiana de las personas.

2.2.3. La comunicación climática como discurso político

El análisis de nuestros datos nos obliga a dar relieve a un tercer encuadre en la cobertura mediática del cambio climático, que se asume al convertir en el centro informativo las acciones políticas y gubernamentales. Veremos al analizar la actancialidad sintáctica de los titulares que un 24% da protagonismo a líderes políticos o instituciones, lo cual es consistente con la relevancia de estos actores en la toma de decisiones que realmente puedan revertir la situación. En un estudio sobre los 220 editoriales que *El Mundo, La Vanguardia* y *El País* dedicaron al cambio climático tras la aprobación del protocolo de Kioto (1997) y la cumbre de Durban (2011, 17ª Conferencia de las Partes),

---

[20] El concepto de «Sur Global» surge en la década de 1980 como alternativa a «Tercer Mundo» o «países en desarrollo» y se generaliza en los años 90; se opone a un «Norte Global» integrado por los países industrializados, los más influyentes en las organizaciones y organismos internacionales desde finales del siglo XIX. El concepto es amplio e incluye múltiples organizaciones simultáneas (los BRICS, el G77, el T-25...); se relaciona con los procesos de centralidad del Pacífico.

Blanco, Quesada y Teruel (2013, 432) recogían entre sus conclusiones las siguientes afirmaciones:

> Los intereses políticos y el alineamiento ideológico priman frente a la necesidad de crear conciencia sobre la gravedad del cambio climático. En los tres medios analizados predominan las argumentaciones ideológicas asentadas sobre razones de orden político o económico antes que recurrir a argumentaciones de carácter científico o, simplemente, a otras de carácter social o humanitario.
>
> La crítica mostrada en mayor o menor grado a las decisiones gubernamentales con ocasión de las cumbres del clima no tiene suficiente relevancia en ninguno de los tres medios como para desarrollar una política informativa eficaz sobre las consecuencias del cambio climático y la urgencia de adoptar decisiones que lo frenen.
>
> La línea editorial de los tres medios analizados deja fuera de su discurso las constantes aportaciones procedentes de fuentes expertas, en especial las de los ámbitos científico y ecológico.

Efectivamente, la lectura de la prensa de los últimos años muestra un regateo constante por parte de los gobiernos. Se produce una enorme discordancia entre, por un lado, el marco general de urgencia para combatir las causas y efectos del cambio climático y, por otro, la inacción de quienes pueden y deben tomar decisiones. Este contraste resulta esencial en la intención persuasiva dirigida al ciudadano, pero también cuando se exige a los países pobres que cumplan acuerdos que los países más contaminantes no firman o no respetan. El mismo Protocolo de Kioto, vigente entre 2005 y 2012, considerado como uno de los hitos en la gestión del cambio climático, no contó con el respaldo de los países más contaminantes. En este sentido, es significativo el caso del vicepresidente de Estados Unidos, Al Gore, reconvertido de político en activista profesional, y cuyo documental, *Una verdad incómoda*, ganó el Óscar en 2007. Díaz Nosty (2009, 100) lo comenta en el contexto de la evolución de los medios:

> Su virtud consistió en dar proyección mediática a un problema de enorme gravedad, pero ha sido la propia naturaleza del discurso, su insostenibilidad en el tiempo mediático, la misma que ha marcado la relativa desactivación de la intensidad del problema en la agenda de la actualidad. La humanidad está asistiendo, de acuerdo con el amplio consenso de los científicos, a los prolegómenos de un escenario crítico, ocasionado por la intervención

del hombre sobre el medio ambiente, pero el gran público mira el espectáculo con pasividad, indiferencia, resignación, impotencia, incredulidad…

La prensa da cobertura anual a la celebración de las Conferencias de las Partes y, entre sus muchas contradicciones, a la asistencia de múltiples líderes políticos, empresariales y celebridades en sus aviones privados. Por ejemplo, para la COP26 en Glasgow, celebrada en 2021, se desplazaron más de 400 aviones privados, los menús consistían en una gran proporción en productos lácteos y cárnicos, y utilizaban plásticos de un solo uso. Todas estas contradicciones convierten en esencial la cobertura estrictamente política de las cuestiones medioambientales, y ponen al descubierto enormes desajustes que desactivan el compromiso ciudadano.

2.3. La CCC como comunicación gubernamental: comunicación de riesgo y comunicación de crisis

Cuando se aborda el tema desde una perspectiva institucional, de servicio público, los dos enfoques predominantes en la bibliografía se alinean, sin duda, con las modalidades de comunicación pública denominadas *comunicación de riesgo* y *comunicación de crisis* o *comunicación de riesgo en emergencias*. Efectivamente, ambos tipos pueden considerarse incluidos en la comunicación institucional o gubernamental, y existe una tradición de estudios y de guías comunicativas que se refieren a distintos tipos de crisis (epidemias y pandemias, inundaciones, incendios).

En general, se asume que la comunicación de riesgo es una comunicación de predominio informativo, orientada a la prevención/mitigación de los riesgos, mientras la comunicación de crisis tiene una naturaleza más directiva, determinada por la premura y la urgencia. Frente a la indefinición amenazante del riesgo, que es algo abstracto, la crisis se produce realmente, su impacto y sus consecuencias son inmediatamente observables, medibles, certificables. Cabe pensar (Adams 2007; Coombs 2010) que la comunicación de riesgo ocurre antes de las crisis/emergencias, y se prolonga durante y después de las mismas. En la Tabla 2 se recogen las diferencias más evidentes entre ambos tipos de comunicación a partir de la bibliografía básica (Sandman 2003; Glik 2007; Sellnow, Seeger, Ulmer 2005; Palenchar 2009; Walaski 2011; Yoe 2019).

**Tabla 2. Diferencias teóricas entre comunicación de riesgo
y comunicación de crisis**

	C. CRISIS	C. RIESGO
Esfera de actuación	Realidad: es más directiva.	Posibilidad: es más preventiva y pedagógica.
Objetivos	Dotar de certidumbre. Clausurar la crisis. Eliminar la conflictividad.	Producir percepción y valoración del riesgo; prevenir o modificar situaciones; eliminar o alentar una conflictividad controlada.
Portavoces	Menos portavoces; cuanto más importante es la crisis, de mayor rango es el portavoz.	La máxima autoridad comparece al inicio para encuadrar el mensaje básico y fijar el nivel de percepción del riesgo. Luego se completa con más portavocías de expertos según los ámbitos de acción implicados
Medios	Ruedas de prensa, redes sociales, comparecencias, webs, infografías, mensajes telefónicos de texto y canales de mensajería instantánea.	Spots audiovisuales, publicidad, boletines, tutoriales, infografías…
Esquemas típicos	Básicamente, una organización se dirige a un público (ejemplos: gobierno hablando a la ciudadanía, equipo directivo hablando a empleados).	Una organización se dirige al público (gobierno hablando a la ciudadanía). Pero fomenta además otros esquemas: el público se dirige a las organizaciones, o el público se dirige a otro público, o las organizaciones se dirigen a otras organizaciones (científicos, tercer sector).
Destinatarios	Todos son destinatarios.	Se deben priorizar mensajes con segmentación diferenciada.
Tiempo	Duración limitada. Espontánea y reactiva.	Tiempos ilimitados, aunque con picos de intensidad. Controlada y estructurada.
Eslóganes	Sin eslóganes.	Puede existir algún eslogan predominante.
Malas praxis	Negar la crisis. No comparecer. Cerrar la crisis en falso. Mentir	Comunicar tarde o no comunicar. Subestimar el riesgo. Mentir.

Fuente: elaboración propia.

Resulta inevitable evocar ambos tipos de comunicación a propósito de las inundaciones que, por efecto de las DANA (Depresión Aislada en Niveles Altos), asolaron en octubre de 2024 zonas de la Comunitat Valenciana y de Andalucía; y al hacerlo constatamos que todos los habitantes de zonas inundables deberían haber recibido de manera constante información sobre el riesgo de riadas y que, una vez iniciada la catástrofe, la comunicación de crisis debería haber informado de forma puntual y con claridad sobre la evolución del desastre, cosa que, especialmente en la Comunitat Valenciana, no ocurrió

(Gallardo Paúls 2024a). La responsabilidad de las emergencias, atribuida en el marco constitucional a los gobiernos autonómicos, debe incluir previsión de estos dos tipos de contextos comunicativos.

Los meteorólogos, igual que los geógrafos e ingenieros, conocen perfectamente cuáles son las zonas en riesgo de inundación, incendio, sequía… y así lo publican, tanto en sus textos académicos como en su actividad de divulgación, pero la población no es convenientemente informada por las administraciones en acciones específicas de prevención. Véase, por ejemplo, el siguiente fragmento perteneciente al informe *Población en riesgo de inundación en España en la franja de los primeros 10 Kilómetros de costa*, publicado en 2019 por el Observatorio de Sostenibilidad en colaboración con el Consejo General de los Colegios de Mediadores de Seguros:

> En los próximos años 977.000 personas podrían verse afectadas por inundaciones en las costas españolas. La Comunidad Valenciana, donde ya se contabilizan 380.000 habitantes afectados, seguida de Cataluña, con 190.000, y Andalucía con 130.000, son las zonas que presentan mayor riesgo. Las superficies artificiales damnificadas por las aguas podrían llegar a 27.000 hectáreas. Cádiz, Girona y Valencia son las provincias que se verán más perjudicadas.

Asumir acciones de comunicación de riesgo directamente dirigidas a ese casi millón de personas es una obligación de las administraciones, pero, lamentablemente —y pese a la cercanía temporal de la gestión comunicativa gubernamental que exigió la COVID-19— ni la comunicación de riesgo ni la de crisis han alcanzado niveles mínimos de desarrollo en nuestro país[21], mientras los efectos del calentamiento global siguen aumentando imparablemente los riesgos y las crisis medioambientales.

En el ámbito de la salud, la OMS centraliza este tipo de iniciativas (y, en menor medida, los centros de control de enfermedades, tanto el *European*

---

[21] Absolutamente todos los estudios sobre comunicación de crisis en emergencias recogen como primera recomendación la comunicación temprana, pero en las inundaciones de la Comunitat Valenciana en octubre de 2024 no solo no se alertó del riesgo con la suficiente antelación, sino que el 29 de octubre el propio presidente del gobierno autonómico realizó una comparecencia que incluía afirmaciones como las siguientes: «se espera que a las 18h [el temporal] disminuya su intensidad»; «afortunadamente sin ningún daño material, sin alerta hidrológica». Y ello pese a que la agencia de emergencias AEMET-Comunitat Valenciana llevaba emitiendo avisos de riesgo alto desde varios días antes, mensajes que fueron insistentes, como se demostró después, durante el mismo día 29.

Centre for Disease Prevention and Control de la UE, como los *Centers for Disease Control and Prevention* estadounidenses), con múltiples documentos orientativos sobre cómo deber ser la comunicación (Reynolds, Hunter-Galdo y Sokler 2002; WHO 2004; Reynolds, Deitch y Schieber 2007; Reynolds y Queen 2008; CDC 2015; OMS 2018; CDC 2014-2018), pero en el ámbito de las emergencias climáticas el esfuerzo está notablemente más disperso. Aunque abundan los documentos resultantes de cada cumbre climática, de las anuales Conferencias de las Partes (COP), y los informes de evaluación que publica el Panel Intergubernamental (IPCC), la atención específica a la comunicación en las crisis climáticas está mucho menos presente.

En Estados Unidos encontramos guías comunicativas publicadas por la FEMA (*Federal Emergencies Management Agency*), por ejemplo sobre la comunicación relativa a inundaciones o incendios (FEMA 2012). Por su parte, el CREW escocés (*Centre of Expertise of Waters*) publicó en 2022 una guía comunicativa (Henderson y Helwig 2022) sobre el riesgo de inundaciones. En España, la página web del *Consejo Nacional del Clima* recoge entre sus competencias (artículo 2 del Real Decreto 415/2014):

a)   Informar y facilitar la participación de todos los agentes implicados en la elaboración y seguimiento de las políticas y medidas sobre cambio climático promovidas por el Estado.

b)   Conocer y formular recomendaciones en relación con planes, programas y líneas de actuación en materia de cambio climático.

c)   Promover el desarrollo de acciones de recopilación, análisis, elaboración y difusión de información.

d)   Conocer las políticas de la Unión Europea, y el estado de las negociaciones internacionales en materia de cambio climático.

e)   Cualquier otra función que, en el marco de sus competencias, se le atribuya por alguna disposición legal o reglamentaria.

Sin embargo, para encontrar publicaciones específicamente dedicadas a la comunicación de riesgo en emergencias es necesario visitar la web de la Dirección General de Protección Civil (Figura 2), que publicó en 2024 un conjunto de ocho guías didácticas orientadas a la ciudadanía en acceso abierto.

Desconocemos, no obstante, los esfuerzos de difusión realizados para cada una de ellas, y en este sentido es imprescindible dejar claro que publicar guías en una web no constituye una acción de comunicación de riesgo. Solo podemos hablar de comunicación de riesgo o comunicación de crisis en emergencias cuando los actores políticos/gubernamentales toman la iniciativa interaccional y asumen acciones específicas para trasladar a los ciudadanos el riesgo o las conductas de prevención; si, por el contrario, se confía en que sean las y los ciudadanos quienes busquen informarse sobre el tema, no podemos hablar de comunicación de riesgo ni de crisis.

Figura 2. Publicaciones de prevención de riesgos del Ministerio del Interior

Junto a las guías de Protección Civil[22], también encontramos en español algunas propuestas procedentes del tercer sector que se refieren a crisis medioambientales. Por ejemplo, en sus *Directrices para la Comunicación en Situaciones de Emergencia*, la Federación Internacional de Sociedades de la Cruz Roja y de la Media Luna Roja (2009) insiste en la importancia de la

[22] Existen, por supuesto, más documentos. Pero en ellos el enfoque comunicativo es claramente insuficiente. Por ejemplo, el *Plan de gestión del riesgo de inundación* publicado por la Demarcación Hidrográfica del Júcar en 2015 incluye entre sus medidas la «Mejora de los protocolos de actuación y comunicación de la información relativa a inundaciones», que asigna a AEMET, los organismos autonómicos de protección civil, las delegaciones de gobierno, la UME y otras instancias. Pero no hay indicaciones específicas sobre ello. La unidad de emergencias 112 de Andalucía elaboró en 2024 una *Guía didáctica* referida a las actuaciones antes, durante y después del riesgo de inundaciones que sí se dirige a la población (aunque, de nuevo, es necesario insistir en que publicar guías en la web no es hacer comunicación de riesgo).
https://www.juntadeandalucia.es/sites/default/files/inline-files/2024/11/Gu%C3%ADa%20did%C3%A1ctica%20ante%20el%20riesgo%20de%20inundaciones.pdf

comunicación temprana, una recomendación que está en consonancia con la *Estrategia Internacional para la Prevención de Desastres de Naciones Unidas* (EIRD 2001), la cual es, a su vez, resultado de la *Década Internacional para la Reducción de los Desastres Naturales* (DIRDN), que fue declarada para 1990-1999. Por su parte, la Fundació Pau Costa es una ONG que trabaja en temas relacionados con la prevención y gestión de incendios forestales con perspectiva ecologista, y en colaboración con el Centro de Ciencia y Tecnología Forestal de Cataluña publicó en 2016 *La comunicación del riesgo de incendios forestales. Recomendaciones operativas para mejorar la prevención social* (Ballart *et al.* 2016).

Aunque el abordaje concreto de este tipo de textos instruccionales no será objeto de este trabajo, que se centra en el discurso mediático, hemos considerado necesario apuntar brevemente su importancia para la comunicación efectiva del cambio climático y la transición ecológica.

3. Organización de este trabajo

3.1. Los datos: diseño y elaboración del corpus

Como hemos descrito, la hipótesis principal de este trabajo es que la cobertura periodística de la emergencia climática gira básicamente en torno a los fenómenos estrictamente ambientales, sin facilitar la identificación de la ciudadanía con la necesidad de la transición ecológica; la cobertura se realiza básicamente dando protagonismo a los fenómenos físicos y naturales, eludiendo la centralidad de las personas. En consonancia con esta hipótesis, se examina la cobertura mediática sobre el cambio climático a partir de datos de prensa española.

Para la elaboración del corpus se realizó el 01/01/2025 una búsqueda léxica inicial en la base de datos FACTIVA (Down Jones)[23] con los siguientes términos: «capa | agujero de ozono», «calentamiento global», «cambio | crisis | emergencia climática», «reducción de las capas de hielo», «deshielo de los polos», «aumento del nivel del mar», «descarbonización» o «transición eco-

https://dx.doi.org/10.5209/ling.006.03
Dejemos de hablar (solo) del clima. El discurso periodístico sobre el cambio climático y la transición ecológica. Beatriz Gallardo Paúls. © Ediciones Complutense, 2026.

[23] FACTIVA es una base de datos de prensa que fue creada en 1999 por Reuters y la empresa Down Jones. Incluye textos de periódicos, revistas, agencias de prensa, pero también webs (por ejemplo, es posible hacer búsquedas de «Cadena Ser Noticias»). También tiene fuentes fotográficas y audiovisuales. En algunos casos del corpus la búsqueda no ofrece resultados exhaustivos, bien sea porque los textos no aparecen completos (muchos textos de *El Mundo* solo constan del título y la entradilla, con frecuencia carecen de título), o en otros casos (esto es más frecuente en *El País*) porque la aplicación recoge como noticia individual un texto que en origen era parte destacada de otra noticia. Dado el tamaño de la muestra, estas inexactitudes no se han considerado deficiencias decisivas para las conclusiones de este estudio, aunque sí pueden condicionar aspectos concretos.

lógica | energética | verde». La utilización de «transición energética» incorpora matices semánticos de proyección social e industrial que son relevantes, pero decidimos incluir este término al comprobar que muchos textos sobre «transición ecológica» los manejan asumiendo su evidente proximidad conceptual; al analizar el léxico veremos con detalle las diferencias entre todos estos términos.

No se propuso límite de fechas (FACTIVA retrocede en los medios españoles hasta 1994) y se eligió una búsqueda amplia de medios de comunicación de ámbito nacional (Figura 3).

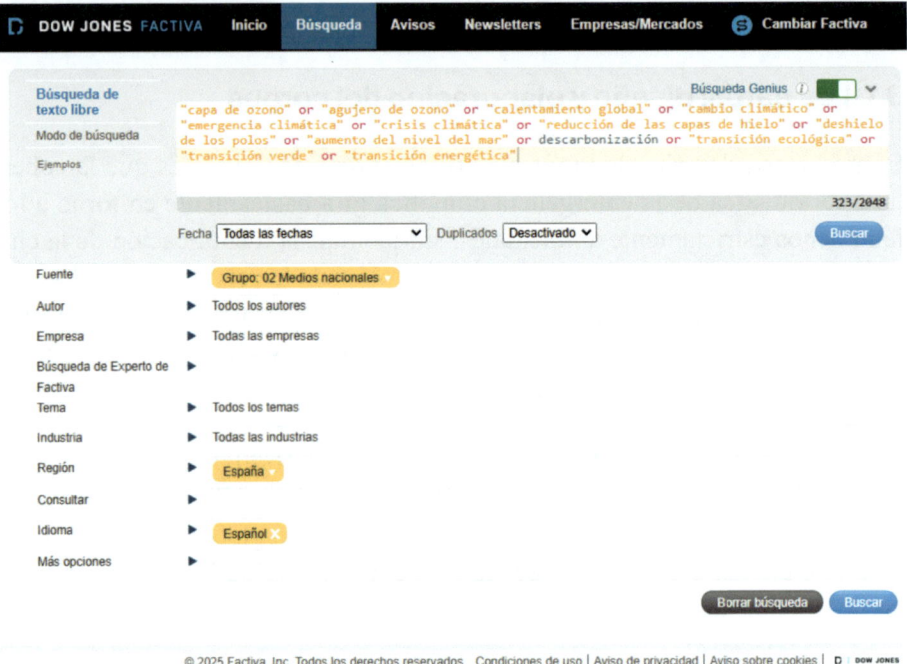

Figura 3. Resumen de la búsqueda inicial de datos en FACTIVA
Fuente: captura de pantalla.

Tras un proceso que nos permitió eliminar los falsos positivos que, desde 2018, suponen las alusiones a la ministra y el Ministerio para la Transición Ecológica, el resultado global fue de 474.202 piezas periodísticas, cuya distribución anual queda recogida en el Gráfico 5; la cobertura creciente del tema por parte de los medios de comunicación se da a nivel global (Boykoff 2009; Schäffer 2012). En el gráfico se recoge la evolución temporal de los datos obtenidos, diferenciando además los dos grupos de términos mayoritarios. Como puede verse, la búsqueda de «cambio | crisis

| emergencia climátic*» proporciona una cantidad de textos muy superior a la de los demás términos utilizados para la búsqueda. En los resultados globales, existen tres picos informativos que corresponden a las anualidades 2007, 2019[24] y 2022.

Gráfico 5. Número de piezas periodísticas obtenidas en la búsqueda global (1994-2024), especificando las alusiones mayoritarias a «cambio | crisis | emergencia climática» y a «transición ecológica | energética | verde»

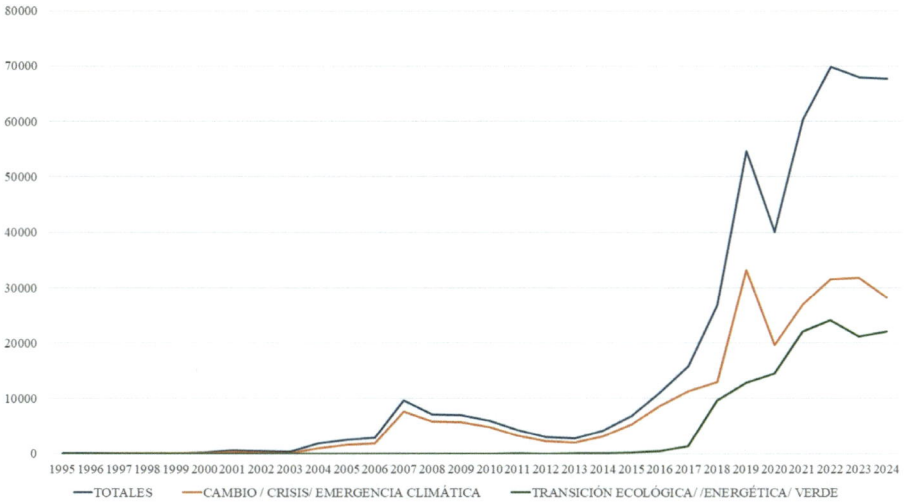

Fuente: elaboración propia a partir de datos de FACTIVA.

El Gráfico 5 indica que la cobertura del cambio climático y los términos relacionados ha ido creciendo, con algún altibajo, de manera equiparable al impacto y la gravedad del fenómeno y su impacto global. Este paralelismo podría parecernos normal, pero se aleja de lo que muestran, por ejemplo, los datos de los periódicos estadounidenses. Una búsqueda de los términos «climate change | crisis | emergency», «greenhouse effect», «global warming» y «decarbonization», sin límite de fechas y para medios estadounidenses, produjo el resultado del Gráfico 6. Las menciones en la prensa aparecen años

---

[24] Aunque los datos que trabajaremos en este trabajo corresponden al texto de las ediciones impresas, Vicente-Torrico y López Vidales (2022) llaman la atención sobre el cambio que supone 2019 en la cobertura del cambio climático en el periodismo digital español, un cambio que vinculan con la iniciativa *Covering Climate Now*, impulsada por *The Nation, Columbia Journalism Review* (estadounidenses) y por *The Guardian* (británico) y con las opciones hipermediáticas que facilita la red.

antes que en España, pero el pico informativo se produce entre 2007 y 2009, con drásticas disminuciones que son anteriores a la presidencia de Donald Trump, y con un repunte en 2022, con la presidencia de Biden[25].

Gráfico 6. Número de piezas periodísticas en la prensa estadounidense con menciones de «climate change» y otros términos relacionados

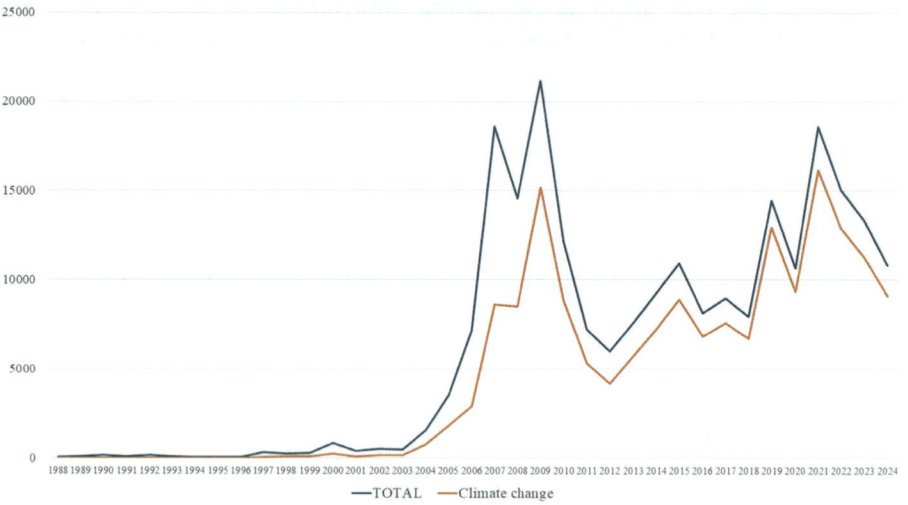

Fuente: elaboración propia a partir de datos de FACTIVA.

Para acotar el corpus de textos se decidió descargar los textos pertenecientes a la edición impresa de los dos principales diarios generalistas de referencia[26] de la prensa española, *El País* y *El Mundo*, durante 2007, 2019 y 2023.

Aunque el gráfico de las búsquedas genéricas mostraba el incremento de publicaciones en 2022, optamos por 2023 por dos motivos: en primer lugar, porque en lo referente a los dos conjuntos de términos que nos interesan, 2023 muestra una discrepancia interesante: aumentan los usos de «cambio | crisis | emergencia climátic*» y descienden los de «transición verde | ecológi-

---

[25]   Las primeras declaraciones de Donald Trump en su toma de posesión de la presidencia de Estados Unidos en 2025 hacían referencia, entre varios temas, al final de los coches eléctricos y el fin del *Nuevo Pacto Verde (Green New Deal)*.

[26]   Las distintas oleadas del *Estudio General de Medios* realizado por la Asociación para la Investigación de Medios de Comunicación confirman que, pese a su diferente evolución en las dos últimas décadas, *El País* y *El Mundo* se mantienen como los dos diarios de mayor audiencia (https://www.aimc.es/).

ca | energética». En segundo lugar, porque el análisis específico referido a *El País* y *El Mundo* (Gráfico 7) muestra mayor presencia de ambos términos en 2023. Por este motivo la descarga de textos completos de *El País* y *El Mundo* se realizó finalmente para 2007, 2019 y 2023.

El Gráfico 7 ilustra de nuevo la prioridad absoluta del conjunto de términos referidos al clima y su manifestación ecológica o científica, así como el protagonismo de los sintagmas seleccionados; respecto a la introducción del otro conjunto de términos, «transición verde» aparece en un texto de *El Mundo* de finales de 2008 en el que se relata una reunión del Consejo Europeo[27], «transición energética» tiene cinco textos en 2011 y «transición ecológica» emerge en 2012 pero no cobra fuerza hasta 2018, coincidiendo con la creación del ministerio correspondiente por parte del Gobierno de Pedro Sánchez.

Gráfico 7. Análisis de los términos elegidos por referencia exclusiva a las ediciones impresas de *El Mundo* y *El País*

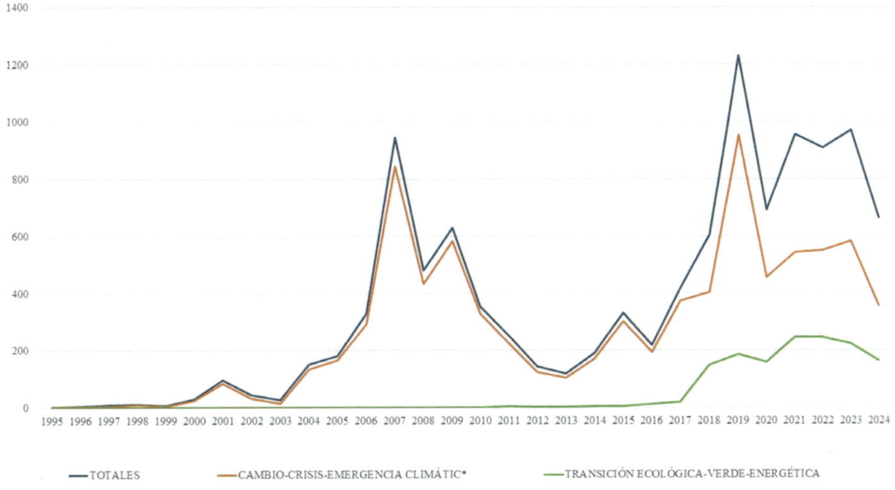

Fuente: elaboración propia a partir de FACTIVA.

[27] «Tras una larga negociación, los Veintisiete estaban anoche a punto de cerrar un acuerdo que suaviza los métodos para conseguir una reducción de emisiones por las protestas de sus grandes industrias. Los gobiernos europeos no cuestionaban el "20-20-20" propuesto por la Comisión Europea —un recorte de un 20% de los gases en 2020 respecto a 2005, un 20% de energía renovable y un 20% de mejora en la eficiencia energética—, pero Alemania, con amplio apoyo, logró más ayuda para que los grandes contaminadores no se trasladen a China. Los países del Este amarraban, además, más subvenciones comunitarias para la transición verde a costa de otros miembros, como España. "Estamos cerca del acuerdo, hemos conseguido todo lo que queríamos", confirmó, antes de la cena de líderes, Silvio Berlusconi, que amenazaba horas antes con el veto si no se admitía una revisión del plan en 2014 o no se limitaba más el mercado de emisiones». (Texto «Transición verde», de María Ramírez, en *El Mundo*, 12/12/2008).

La búsqueda referida al término claramente predominante, «cambio climáti-co» y sus variantes, y a los términos de contraste «transición ecológica | verde | energética», originó un corpus inicial de 2.820 textos periodísticos (844 piezas en 2007; 1.200 en 2019 y 886 en 2023), que tras la eliminación de duplicados y falsos positivos (textos con solo una mención, textos que no topicalizan, cartas al director, etc.) nos proporcionó un corpus definitivo de 1.418 textos según refleja la Tabla 3. Los textos pueden topicalizar completamente el tema del cambio cli-mático o la transición ecológica, o tratarlos tan solo en un apartado, pero en todas las piezas del corpus se produce una mínima tematización. El corpus global tiene una extensión de 882.194 palabras, 1.015.742 tokens y 33.639 oraciones.

Tabla 3. Número de piezas periodísticas del corpus definitivo de textos sobre «cambio | crisis | emergencia climática» y «transición verde | ecológica» en *El País* y *El Mundo*

	Búsqueda inicial			Corpus ajustado			Proporción %		
	2007	2019	2023	2007	2019	2023	2007	2019	2023
EP	683	840	515	352	336	307	24,8	23,7	21,7
EM	161	360	371	104	128	191	7,3	9	13,5

Fuente: elaboración propia a partir de datos de FACTIVA.

Lo más notable de la muestra es la diferente atención que recibe el tema en los dos diarios: los textos de *El País* suponen un 70,2% de la muestra global (N= 995), y los de *El Mundo* el 29,8% (N= 423). En su análisis del año 2017 en *El País*, *El Mundo* y ABC Parratt, Mera y Carrasco (2020) confirman ya esta diferencia de atención al tema; pertenecían a *El País* un 46,6% de las no-ticias de su corpus, seguida de *ABC* (33%) y *El Mundo* (20,4%). Este interés de *El País* por el tema es consistente con otros factores de su línea editorial, como la creación en 2007 del suplemento mensual Tierra, en enero de 2014 de la sección Planeta Futuro, y en octubre de 2020 de la sección especializada Clima y Medio Ambiente (con perfil propio en redes sociales), así como la publicación de numerosos editoriales dedicados al tema (47 en los tres años seleccionados, frente a 7 en los datos de EM). El periódico *El Mundo*, por su parte, incluye los temas climáticos en la sección de Ciencia y Salud, cuyo perfil de Twitter/X (mucho más activo que el de *El País*, aunque más gené-rico) se llama *El Mundo Ciencia*; entre 2006 y 2009 el periódico publicó el suplemento *Natura* el segundo sábado de cada mes, y algunas noticias del corpus en 2007 son un eco de los temas tratados en dicho suplemento. Como mostramos en la Figura 4, los dos periódicos eligen la imagen de un animal para representar el cambio climático, en un ejemplo claro de énfasis que no interpela directamente a la ciudadanía.

**Figura 4. Perfiles sobre medio ambiente en Twitter/X de los dos periódicos
Fuente: captura de pantalla.**

Puesto que en la hipótesis de partida nos interesa el desplazamiento de foco desde el «cambio climático (del planeta)» a la «transición ecológica (de la sociedad y la ciudadanía)», es interesante precisar la diferencia enorme que muestran las menciones a los dos conceptos y sus términos asociados:

- En 2007 los términos «transición ecológica | verde |energética» no aparecen ni en *El Mundo* ni en *El País*.
- En *El Mundo*, las tres expresiones proporcionan un corpus de 116 piezas en 2019 y 151 de 2023, pero si eliminamos los casos en que solo se menciona al ministerio, la ministra o la ley para la Transición Ecológica los textos se reducen a 61 y 47 respectivamente.
- Por lo que se refiere a *El País*, los tres términos proporcionan 132 piezas en 2019 y 153 en 2023. Pero al eliminar los textos que solo mencionan el ministerio, la ministra o la ley de Transición Ecológica, el corpus se reduce a 32 y 63 textos respectivamente.

Es interesante señalar que, en los pocos textos que la mencionan en 2019 y 2023, la transición ecológica apenas se topicaliza desde la voz mediática; normalmente se introduce en los textos cuando la mencionan políticos progresistas o científicos en alguna intervención pública o en alguna entrevista. Por el contrario, la transición energética sí tiene capacidad de concentrar la atención periodística, sobre todo por las políticas empresariales y las reacciones que estas suscitan. En todo caso, esta elocuente ausencia de la transición ecológica en los dos periódicos no hace sino confirmar la perspectiva abstracta, alejada de la realidad ciudadana, con la que se tiende a tratar el tema. Dedicaremos las próximas páginas a analizar detalladamente los elementos discursivos que sustentan esta situación, y que son el argumento principal para sugerir la oportunidad de un cambio de enfoque.

3.2. Marco teórico: el encuadre discursivo estratégico

Este trabajo se adscribe a los presupuestos fundamentales de la lingüística cognitiva. Asumiendo en concreto los planteamientos de la teoría de la enunciación de Benveniste, que hemos utilizado en trabajos previos sobre el encuadre discursivo (Gallardo Paúls 2021), diferenciamos nueve estrategias lingüísticas que se manifiestan mediante categorías gramaticales y pragmáticas específicas, según se resume en la Tabla 4. La centralidad de la enunciación benvenistiana apunta a la dimensión intencional del lenguaje e impregna la naturaleza simbólica del propio signo lingüístico; en palabras de Hernández-Sacristán «símbolo es el signo del que cabe realizar un uso estratégico» (2006, 77).

Puesto que los datos que analizaremos son de prensa escrita y la aplicación de descarga solo proporciona texto (archivos .rtf), no abordaremos el paratexto con un desarrollo específico, aunque sí mencionaremos algunas cuestiones puntuales.

Por último, en lo que se refiere a la organización del libro, dedicamos la sección II al estudio específico del corpus de 1.418 textos pertenecientes a los dos diarios durante los tres años seleccionados. El análisis se centra en los propios textos y sus niveles de encuadre, desde el nivel léxico hasta la afiliación partidista de los textos, que nos llevará a conectar los enunciados periodísticos con sus enunciaciones. El capítulo cuarto, «Dimensión enunciativa», aborda en primer lugar los usos léxicos que seleccionan los actos de habla proposicionales (designación), seguidos del reparto de papeles sintácticos (actancialidad, es decir, quiénes protago-

Tabla 4. Resumen del modelo de análisis (Gallardo Paúls 2021)

ENCUADRE ENUNCIATIVO	
A. Estrategia intencional: ilocutividad	Ilocutividad: tipo de acto de habla que realiza el hablante.
B. Estrategia léxica: designación	La elección de unas y no otras palabras permite activar connotaciones (preactivación) y situar la interpretación.
C. Estrategia predicativa: actancialidad	Agentividad y transitividad, cómo se reparten las responsabilidades relacionadas con la acción referida.
ENCUADRE TEXTUAL	
D. Estrategia informativa: gestión temática	Mecanismos de topicalización y focalización: cómo el hablante realiza la distinción de temas principales y secundarios, temas y asuntos, focos y presuposiciones.
E. Estrategia estructural: superestructura	Predominio de superestructuras narrativas, descriptivas o argumentativas: cómo el hablante encaja los contenidos en un formato, estructurando los textos por sucesos, episodios, etc., o por tesis y argumentos.
F. Estrategia paratextual: paratexto	Uso de elementos paratextuales: icónicos y gráficos en la escritura, prosódicos o musicales en la oralidad.
ENCUADRE INTERACTIVO	
G. Estrategia intertextual: dialogismo	Mecanismos de cita e introducción del discurso ajeno en el discurso propio.
H. Estrategia de alineamiento	Usos de la predictibilidad para encadenar las voces del texto como actos iniciativos y reactivos.
I. Estrategia de afiliación	Secuencias de conformidad y discrepancia con el interlocutor.

Fuente: elaboración propia.

nizan el discurso sobre el cambio climático como actores destacados) y las funciones comunicativas predominantes en los textos (ilocutividad, es decir, los tipos predominantes de actos de habla). El capítulo quinto, «Dimensión textual», presta especial atención a la estrategia informativa (selección de los temas que configuran la agenda mediática) y la estructural (formatos textuales y géneros periodísticos), con solo un breve apunte en torno al paratexto. Por último, en el capítulo sexto, «Dimensión interactiva», consideraremos el encuadre dialógico de los textos sobre cambio climático, atendiendo a la intertextualidad (es decir, las voces del texto, que aparecen normalmente, pero no siempre, como fuente informativa), la estrategia de alineamiento (el modo en que los textos se relacionan con otros textos, aspecto que cobra enorme relevancia por la generalización actual del llamado «periodismo de verificación») y, para finalizar, la estrategia afiliativa, revisando brevemente el complejísimo problema del alineamiento político de la comunicación sobre el cambio climático.

3.3. Los flujos comunicativos sobre el cambio climático

Como dijimos, la comunicación sobre el cambio climático se caracteriza globalmente por la dispersión y atomización de múltiples funtores discursivos. Tanto en el paradigma científico de la mitigación como en el de la adaptación, encontramos una falta de definición que afecta a los diferentes niveles de la enunciación (emisores y destinatarios) y de los enunciados (los niveles del mensaje). A ello se suma la brecha perceptiva entre lo que se pide a los ciudadanos individualmente y lo que se les comunica sobre los acuerdos políticos (o la falta de ellos, o su incumplimiento). Pero si intentamos una visión global de los flujos comunicativos en los que se despliega este tipo de discurso, surge un foco básico, el de la comunicación científica, con tres grandes diseminadores que, a su vez, obedecen a fines y necesidades distintos. Representamos estos flujos comunicativos en el Gráfico 8.

Gráfico 8. Visión global de la Comunicación sobre el Cambio Climático a partir del consenso científico

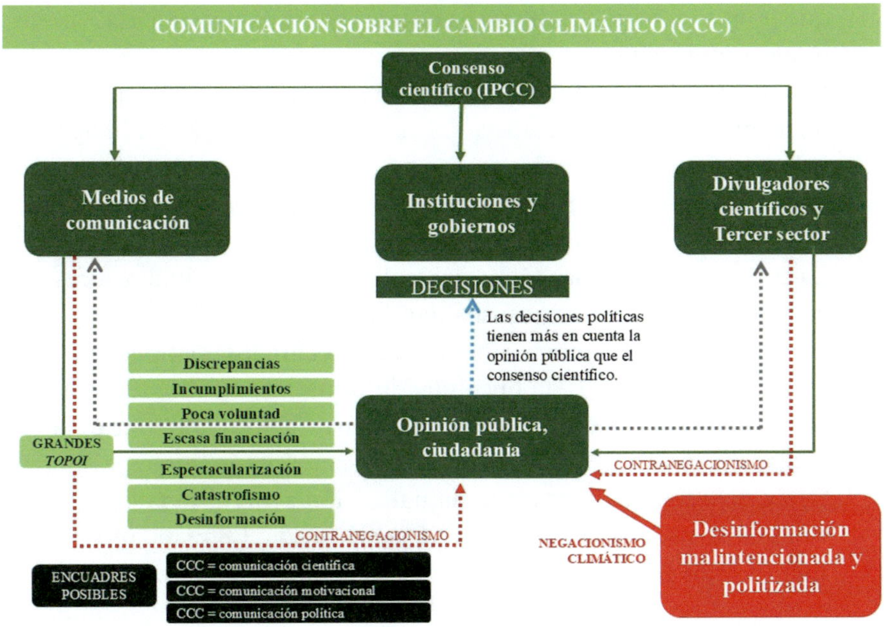

Fuente: elaboración propia.

El Gráfico 8 resume esa situación. Quienes conocen la realidad del proceso climático son los científicos, representados prototípicamente por el Panel Intergubernamental de Cambio Climático de la ONU, cuyo funcionamiento implica a miles de científicos de todo el mundo[28]. Los sujetos básicos de difusión de esa información son los medios de comunicación, los organismos y representantes políticos, y, en tercer lugar, las publicaciones de divulgación científica y las entidades del tercer sector; veremos al analizar los datos que todas estas instancias aparecen doblemente en el discurso climático: como actores y como voces de (relativa) autoridad. El gráfico recoge algunos aspectos que consideramos importantes:

[28] El IPCC no realiza investigaciones propias, sino que evalúa la comunicación científica especializada de las múltiples áreas de conocimiento implicadas en el tema, y publica informes de evaluación (*Assessment Reports*, AR). Se han publicado hasta la fecha 6 informes AR (1990, 1996, 2001, 2007, 2013-14 y 2021-23), cada uno de los cuales consta de diversos volúmenes elaborados por los diferentes grupos de trabajo, relativos a Bases Físicas (WGI), Impacto-Adaptación-Vulnerabilidad (WGII) y Mitigación (GWIII).

1. Las prácticas políticas de prevención y freno del CC parecen obedecer más a la opinión pública que al consenso científico (línea azul), lo que proporciona el argumento esencial sobre la necesidad de cuidar esta comunicación.

2. Los medios de comunicación, por su parte, trasladan a la opinión pública una imagen catastrofista del cambio climático y una imagen incoherente de su dimensión política que pesa más que los textos que funcionan como periodismo especializado ambiental, cuyo fin básico es trasladar a la población el consenso científico.

3. La comunicación de las ONG del tercer sector y los divulgadores ambientales responde al consenso científico.

4. La comunicación pública sobre el cambio climático no puede concebirse solo en términos de linealidad informativa (líneas grises), según los viejos modelos de la aguja hipodérmica[29]; por el contrario, la voz ciudadana retroalimenta a su vez el discurso de medios, políticos y ONG, especialmente desde la digitalización generalizada de la esfera comunicativa (modelo de activación en cascada, Entman 2003).

5. Junto a estos flujos comunicativos (y en competición directa con ellos) existe un tipo de comunicación que es fundamentalmente desinformativa (línea roja), y se alinea con los entramados sistémicos de la desinformación populista del s. xxi. No abordaremos esa dimensión en este trabajo, puesto que hemos excluido de la muestra los panfletos digitales que protagonizan la difusión de este discurso, pero sí es importante señalar que su importancia resulta esencial cuando se analiza la motivación de los receptores para dar crédito o no a los mensajes sobre el cambio climático. Por eso consideraremos las líneas reactivas en las que los medios de comunicación elaboran un discurso «contranegacionista», más decidido en *El País* y un poco más ambiguo en *El Mundo*.

La comunicación de la ciencia a la sociedad no es un proceso lineal, y puede resultar muy complejo. Como señalaba Katz (2001) a propósito de la biotecnología, la oposición pública es capaz de frenar la aplicación y desarrollo de ciencias y tecnologías cuya validez científica y beneficios sociales está demostrada:

---

[29] Katz (2001: 94) relaciona estos enfoques lineales clásicos (Lippmann, Lasswell, Lazarsfeld) con el modelo de transmisión de la información de Shannon y Weaver, que es el que Jakobson trasladó a la lingüística en su propuesta de funciones del lenguaje.

A pesar de las declaraciones en contrario de investigadores y funcionarios, el público en general percibe que las decisiones se basan tanto en la política como en la ciencia. El público cuestiona el papel de la industria en la toma de decisiones como un conflicto de intereses. Y a veces se producen protestas organizadas, interrupciones de reuniones, amenazas de violencia y daños a los equipos.

Por su parte, los investigadores intentan proporcionar al público información clara y actualizada, y explicar la lógica científica de su razonamiento. Los organismos gubernamentales intentan abordar la crisis de confianza pública desarrollando costosas campañas de información y educación públicas, pero por lo general son fracasos estrepitosos. Ante una resistencia aparentemente insuperable, el optimismo inicial por parte de los científicos y los funcionarios públicos da paso a la incredulidad, la indignación y el desprecio por el público que ahora parece mal informado e irrazonable. (Katz 2001, 93).

Este panorama se complica aún más en el caso del cambio climático por su carácter general, que afecta a todos los habitantes de todos los países del planeta, y por la politización del tema que se ha exacerbado con el auge populista de la última década. Sin olvidar que quienes optan por esa desconfianza en la autoridad de la ciencia y los expertos, la hacen extensiva igualmente a los medios de comunicación, pues también son empresas con intereses propios convertidas a menudo en objetivo de los líderes populistas. Este contexto global deja huella en todo el proceso comunicativo, tanto en los emisores y receptores como en los tres niveles pragmáticos del mensaje.

Al plantearnos quiénes son los participantes en las enunciaciones conviene recordar que en el análisis del discurso de base cognitiva tanto el emisor como el receptor son entendidos como funciones del propio texto. Seguimos en esto la propuesta de Eco (1979) sobre autor y lector modelo, que se conciben como dos instancias abstractas surgidas en la propia experiencia enunciativa del acto narrativo: «el Emisor y el Destinatario están presentes en el texto no como polos del acto de enunciación, sino como *papeles actanciales* del enunciado» (Eco 1979, 88).

Por eso, a diferencia de los estudios que se centran en cómo construir la autoridad y la legitimidad persuasiva de los emisores (científicos o no), o en las motivaciones y sesgos interpretativos de los receptores, nuestro planteamiento analiza los propios textos de la prensa para establecer qué tipo de enunciación se construye en esa comunicación: ¿es una comunicación seria, urgente, o admite cierto nivel de frivolización?, ¿quiénes participan en ella?, ¿se da fundamentación precisa a las afirmaciones de las voces recogidas en los textos?, ¿cuáles son los términos mediante los cuales se etiquetan las realidades del cambio climático y qué connotaciones arrastran esos términos?, ¿qué tipo de temas tienen más relevancia?, ¿los textos aspiran a la persuasión intelectual del lector/lectora o van más allá y tienen pretensiones directivas, que afecten a la conducta?, ¿dibujan un lector que condicionará su elección política al discurso ecológico partidista? Este tipo de preguntas nos permitirá dedicar el apartado 3 del capítulo «Dimensión interactiva» a comprobar a quién interpela el discurso periodístico sobre el cambio climático y la transición ecológica, cuál es el lector modelo que se construye en los textos del corpus.

Parte II. El discurso periodístico sobre el cambio climático y la transición ecológica

4. Dimensión enunciativa

En esta sección repasaremos los niveles básicos del encuadre discursivo que deben considerarse para construir un discurso eficaz sobre el cambio climático y la transición ecológica, y que no siempre se tienen en cuenta. En la dimensión enunciativa de los mensajes atendemos a tres aspectos fundamentales. El encuadre léxico, que es el más tratado por la bibliografía, nos informa sobre los términos elegidos para tratar el tema en cuestión. El encuadre predicativo tiene en cuenta las elecciones sintácticas, y focaliza los sujetos de la realidad que se convierten en actores activos respecto al cambio climático. Por último, el encuadre intencional se centra en la fuerza ilocutiva que los emisores eligen para sus mensajes.

4.1. Designación: las palabras de la comunicación sobre el cambio climático y la transición ecológica

En 2017, *The Guardian* publicó un artículo (Milman 2017) revelando que el Departamento de Agricultura estadounidense había enviado correos a sus profesionales ordenándoles evitar términos como «cambio climático», «adaptación del cambio climático» o «secuestrar carbono» y sustituirlos por «extremos climáticos», «resiliencia a los extremos climáticos» o «construir materia orgánica del suelo». Durante su primer mandato al frente de la Casa Blanca, Donald Trump prohibió que los términos «calentamiento global» y «cambio climático» aparecieran en documentos públicos de su administración (Rees 2018, cap. 1). Un artículo de Forbes de 2019 indicaba (Ellsmor 2019) que la administración estadounidense sustituía en algunos comunicados de prensa

https://dx.doi.org/10.5209/ling.006.04
Dejemos de hablar (solo) del clima. El discurso periodístico sobre el cambio climático y la transición ecológica. Beatriz Gallardo Paúls. © Ediciones Complutense, 2026.

la expresión «combustibles fósiles» por «moléculas de la libertad estadounidense». Tras invadir Ucrania en febrero de 2022, Vladimir Putin ordenó a la
fiscalía y a la institución supervisora federal de los medios (*Roskomnador*)
que prohibieran a las televisiones y periódicos digitales rusos la utilización
de la palabra «guerra», con penas de cierre de las webs y multas equivalentes
a varios miles de euros. En España, uno de los titulares de nuestro corpus
afirma que «Vox impide el apoyo del Senado a los afectados por los fuegos en
Canarias por aludir al cambio climático» (EP 28/08/2019).

Estos cinco ejemplos confirman la importancia —la importancia *política*—
de los términos elegidos en los actos de habla proposicionales, incluyendo los
eufemismos, cuya selección estratégica corresponde al encuadre léxico.

La estrategia léxica del encuadre discursivo es, sin duda, la más conocida,
debido en parte al enfoque restrictivo de Lakoff (1996, 2004) en su aplicación del concepto de *frame* al ámbito del discurso político. La importancia
del léxico se ve además potenciada por el triunfo en nuestras sociedades de
la falacia de performatividad (Gallardo Paúls 2024b), procedente de algunos
textos del postestructuralismo; una falacia según la cual el acto designativo es
siempre performativo y, por tanto, utilizar o no utilizar ciertos términos puede
tener consecuencias en la naturaleza existencial de aquello nombrado.

Con frecuencia, el léxico del cambio climático se traslada al discurso público directamente desde el discurso científico, lo cual no siempre es adecuado y puede provocar «brechas de comprensión» (Hassol 2008). Esta traslación directa puede explicar la aparición y desaparición de términos en la esfera pública. Por ejemplo, el término «lluvia ácida» (que desde el s. xix hace
referencia a la acidificación de la lluvia por contaminación industrial, sobre
todo por dióxido de azufre y óxidos de nitrógeno) tuvo un gran protagonismo
en el discurso ecologista de los años 80, pero fue progresivamente desplazado
por «calentamiento global», que es más genérico y focaliza la contaminación
por CO_2. También encontramos sustituciones, como «gota fría» por «DANA/
dana» (acrónimo de «Depresión Aislada en Niveles Altos»)[30].

Además, esos conceptos científicos pueden experimentar evoluciones que
no siempre se trasladan a su uso cotidiano; por ejemplo, Vassupoulos (2012)

---

[30] Con independencia de la precisión científica, es interesante señalar que tanto «lluvia ácida»
como «gota fría» activan connotaciones de concreción, cercanía e impacto local que se
diluyen en «calentamiento global» y en «dana». Por otro lado, los discursos negacionistas
siguen nombrando las danas como «gota fría» precisamente para subrayar la idea de que
son fenómenos que siempre han existido y no responden a ningún «cambio» climático. Por
el mismo motivo utilizan siempre que pueden el sintagma «catástrofes naturales», para
descartar el origen antropogénico.

analiza el término «calentamiento global» y señala que en los años 90 se produce un cambio de concepción: de ser entendido como problema ambiental originado en el aumento de emisiones de CO_2 pasa a concebirse como la fuente de otros problemas de alcance global, como las migraciones o la inseguridad. Supran y Oreskes (2021), por su parte, señalan que el término «riesgo» es contraproducente porque apunta al cambio climático como la mera posibilidad, en lugar de presentarlo como una realidad. Este tipo de observaciones sobre el uso de unos u otros términos jalonan toda la bibliografía sobre el cambio climático y la transición ecológica, porque se asume que distintas formulaciones de una misma política pueden modificar al pensamiento y las conductas de los ciudadanos: «En épocas presupuestarias difíciles, las palabras pueden ofrecer una palanca potencialmente menos costosa que probablemente provoque consecuencias de primer orden» (Grolleau, Mzoughi, Peterson y Tendero 2022, 3).

Otro factor importante es la consolidación de términos que contribuyen al encuadre catastrofista. Con frecuencia, esta tendencia se manifiesta en el recurso a rasgos morfológicos como prefijos negativos; por poner solo dos ejemplos: «descarbonización» y «decrecimiento» son dos términos que recurren a prefijos negativos que evocan retroceso, pérdida, mientras que podrían proponerse sinónimos que activaran otro tipo de connotaciones[31] y reservar los prefijos negativos para realidades negativas («desplastificación», por ejemplo, es un término emergente en español que se documenta en textos sobre sostenibilidad y transición ecológica desde hace unos años). En este sentido, «sostenibilidad» y «transición ecológica» son términos mucho más eficaces.

4.1.1. Los usos léxicos en la cobertura medioambiental

Los propios medios dedican atención a destacar la importancia del léxico específico en la cobertura del cambio climático, como muestran estos fragmentos:

1. ¿Qué es la ambición? Tras esa expresión —incorporada ya a la jerga de las negociaciones climáticas— se esconde la asunción de que los

---

[31] Por ejemplo, si nos planteamos un hipotético ejercicio intencional de búsqueda de neologismos que activen otras connotaciones, surgen términos como «reenergización» o «neocrecimiento», que podrían incorporar la inferencia de nuevas alternativas de energía y crecimiento, en lugar de negarlas: energías renovables/sostenibles, crecimiento en salud, en longevidad, incluso económico. Hay autores que han señalado la conveniencia de que estos neologismos se trasladen a la esfera pública con un análisis metadiscursivo previo (Groelleau *et al.* 2022).

planes de recorte de las emisiones de los países no son suficientes. (EP 02/12/2019).

2. La «transición justa» —expresión en la que se engloban las acciones para paliar los efectos negativos de la transformación de la economía para eliminar los gases de efecto invernadero— es uno de los términos habituales en las negociaciones sobre cambio climático. (EP 23/11/2019).

3. El desencuentro se agravó con las reticencias del Partido Popular Europeo, que reclamaba sustituir la palabra «emergencia» por «urgencia», una forma rebajar un nivel de alarma que consideran exagerado. «No necesitamos caer en el pánico, necesitamos actuar», argumentaron. Finalmente, se llegó a un consenso y la resolución llevó el sello de liberales, socialistas y verdes, que votaron mayoritariamente a favor, igual que la izquierda. En cambio, los populares prácticamente se partieron por la mitad, con la delegación española entre los que respaldaron el uso de la expresión. Ultraconservadores y extrema derecha votaron en contra, pero no lograron vetar la declaración. (EP 29/11/2019).

Esta atención al matiz denominador, tan propio del discurso público actual (Gallardo Paúls 2024b) explica la trascendencia de ciertas decisiones relacionadas, entre las que destaca sin duda la petición de António Guterres en diciembre de 2020 para que todos los países declararan el estado de «emergencia climática», algo que el Parlamento Europeo ya había hecho en 2019:

4. El Parlamento Europeo declara la «emergencia climática» (EP 29/11/2019).

5. «Hago un llamamiento a todos los líderes de todo el mundo para que declaren el estado de la emergencia climática en sus países», ha dicho en la apertura de esta cumbre [de celebración del quinto aniversario del Acuerdo de París] António Guterres, secretario general de la ONU, quien ha recordado que 38 países ya lo han hecho. (EP 12/12/2020).

La Tabla 5 muestra las 50 frecuencias léxicas más altas referidas a sustantivos del corpus completo. Como puede apreciarse, predomina un léxico que podemos calificar de impersonal, de naturaleza abstracta, que no facilita anclar la problemática del cambio climático y la transición ecológica en la inmediatez de los lectores. En el corpus global el lema «transición» aparece en posición 27 y «persona» en la posición 34, mientras «ciudadano» baja al 153. Nos planteamos la posible diferencia de usos léxicos entre ambos diarios, pero no hay matices significativos:

- En *El País* los diez sustantivos más frecuentes son: «cambio», «año», «país», «emisión», «España», «energía», «efecto», «gobierno», «medida» y «calentamiento». El lema «persona» ocupa la posición 33 (frecuencia 0,07), «transición» aparece en la posición 39 (frec. 0,06) y «ciudadano» en la 132 (frec. 0,03).

- En *El Mundo* los diez sustantivos más frecuentes son «cambio», «año», «país», «España», «energía», «mundo», «gobierno», «agua» y «emisión». El lema «transición» aparece en la posición 17 (frec. 0,09), «persona» ocupa la 33 (frecuencia 0,07), y «ciudadano» en la 181 (frec. 0,03).

Tabla 5. Frecuencias léxicas de la categoría sustantivo en el corpus de los tres años (número de ocurrencias cada 100 palabras)

Orden	Sustantivo	Frecuencia %	Orden	Sustantivo	Frecuencia %
1	cambio	0,53	26	tiempo	0,08
2	año	0,36	27	transición	0,08
3	país	0,26	28	nivel	0,08
4	España	0,18	29	acuerdo	0,08
5	emisión	0,18	30	ciudad	0,08
6	energía	0,17	31	empresa	0,08
7	gobierno	0,15	32	presidente	0,08
8	efecto	0,13	33	sector	0,08
9	medida	0,13	34	persona	0,08
10	temperatura	0,13	35	forma	0,07
11	mundo	0,13	36	Madrid	0,07
12	agua	0,12	37	impacto	0,07
13	vez	0,12	38	política	0,07
14	calentamiento	0,12	39	aumento	0,07
15	parte	0,12	40	Europa	0,07
16	clima	0,11	41	estado	0,07
17	problema	0,11	42	científico	0,07
18	gas	0,11	43	grado	0,07
19	plan	0,10	44	desarrollo	0,07
20	informe	0,10	45	calor	0,07
21	día	0,10	46	proyecto	0,07
22	planeta	0,10	47	invernadero	0,07
23	ambiente	0,09	48	acción	0,06
24	objetivo	0,09	49	economía	0,06
25	zona	0,09	50	estudio	0,06

Fuente: elaboración propia a partir de Sketch Engine.

Por lo que se refiere a las diferencias temporales, es interesante señalar que estos predominios léxicos se mantienen también a lo largo del período de análisis; si comparamos las frecuencias léxicas de sustantivos en 2007 y 2023 (Tabla 6), vemos que el mensaje de urgencia sobre el clima del planeta parece estancado durante dieciséis años, algo que sin duda influye en su capacidad persuasiva. Esta sensación de «bucle discursivo» la retomaremos al hablar de encuadre predicativo, cuando nos fijemos en los protagonistas de la acción (y la inacción) climática.

Tabla 6. Comparación de frecuencias léxicas nominales (sustantivos) entre 2007 y 2023

CORPUS 2007			CORPUS 2023		
Orden	Sustantivo	Frecuencia %	Orden	Sustantivo	Frecuencia %
1	cambio	0,76	1	año	0,39
2	año	0,38	2	cambio	0,36
3	emisión	0,26	3	país	0,25
4	país	0,26	4	España	0,18
5	energía	0,26	5	agua	0,15
6	gobierno	0,19	6	temperatura	0,15
7	calentamiento	0,19	7	energía	0,14
8	efecto	0,18	8	vez	0,14
9	España	0,18	9	emisión	0,12
10	informe	0,17	10	gobierno	0,12
11	medida	0,15	11	mundo	0,12
12	ambiente	0,14	12	parte	0,11
13	parte	0,13	13	transición	0,11
14	mundo	0,13	14	calor	0,11
15	problema	0,13	15	día	0,11
16	gas	0,13	16	medida	0,10
17	científico	0,12	17	gas	0,10
18	temperatura	0,12	18	efecto	0,10
19	vez	0,12	19	estado	0,09
20	clima	0,11	20	zona	0,09
21	planeta	0,10	21	sector	0,09
22	plan	0,10	22	crisis	0,09
23	agua	0,10	23	problema	0,09
24	invernadero	0,10	24	caso	0,08
25	desarrollo	0,09	25	proyecto	0,08

Fuente: elaboración propia a partir de Sketch Engine.

Si comparamos los usos léxicos nominales de los dos años más distantes, confirmamos mediante nube de palabras de 90 ítems que las diferencias son mínimas, pese a la distancia temporal que separa ambos corpus (Figura 5). Como puede apreciarse, los campos léxicos configuran un discurso centrado en la dimensión científica, terrenal y planetaria, de la emergencia climática, y la dimensión reguladora que da relevancia a «gobierno», «medida» o «país». Este enfoque parece ajustarse a lo que Paerregaard (2020, 113) describe como «la reducción de la naturaleza a un entorno material, químico y biótico que los humanos habitan y explotan con fines económicos», un reduccionismo que asocia a las sociedades y mentalidades occidentales, para las que el medio natural es, sobre todo, fuente de recursos y provisiones.

Y sin embargo, a pesar de que los contrastes entre las dos anualidades son ciertamente leves, algunos detalles permiten detectar cierta evolución en un cambio de enfoque. Por ejemplo, términos como «gas», «clima», «calentamiento», «energía», «invernadero», «Tierra» o «informe» reducen su peso relativo en 2023 respecto a 2007, mientras «agua», «riesgo», «empresa» o «temperatura» lo incrementan. Posiblemente lo más relevante es observar las lexías que aparecen y desaparecen en las frecuencias léxicas altas de los dos años; en 2023 ya no ocupan estos lugares «atmósfera», «carbono», «CO$_2$», «especie», «Kioto», «IPCC», «hielo» o «mar», mientras emergen con frecuencias altas «calor», «combustible», «crisis», «transición», «incendio», «ley», «población», «salud» o «sequía». Sin duda, estos últimos son términos/conceptos cuya vivencia experiencial resulta mucho más reconocible para las y los lectores.

**Figura 5. Visualización como nube de palabras de las frecuencias léxicas en los subcorpus de 2007 (izquierda) y 2023 (derecha). Lista de los 90 lemas más frecuentes en la categoría sustantivo
Fuente: elaboración propia.**

4.1.2. El léxico del cambio climático

En este apartado señalamos algunos matices sobre los usos léxicos del corpus. El Apéndice final agrupa algunos de estos resultados con el formato de visualización que ofrece Sketch Engine porque nos parece que el tipo de infografía que ofrece, pese a ser un poco rígido, resulta muy ilustrativo; las visualizaciones muestran, para cada término o sintagma, los términos con los que mantiene asociaciones nominales y verbales[32] frecuentes. Las agrupamos en un apéndice para facilitar tanto la disposición del texto como su consulta.

El sustantivo más frecuente del corpus, «cambio», corresponde, obviamente, a uno de los términos que determina la búsqueda de datos; el Gráfico 18 muestra la visualización ofrecida por Sketch Engine de las relaciones léxico-semánticas del sintagma «cambio climático» (N=3.700 ocurrencias). Destacamos tres cuestiones.

En primer lugar, la importancia de la distribución como complemento preposicional en la estructura «...*de* cambio climático», siendo las colocaciones más destacadas «ley de cambio climático», «servicio de cambio climático» y «estrategia de cambio climático».

En segundo lugar, entre las asociaciones verbales destacan, con tipicidad[33] de asociación superior a 10, verbos como «combatir» y «frenar», junto a otros como «amenazar», «provocar», «causar», «sufrir», «evitar», o «afrontar». «Negar» también aparece identificado por el *software* como un verbo relevante (tipicidad de 9,4):

---

[32] El *software* Sketch Engine con textos españoles falla sistemáticamente en la identificación de sujetos y objetos porque aplica un criterio estrictamente posicional, acorde a la estructura estándar SVO. Por lo tanto, aunque los gráficos del Thesaurus diferencian para los términos nominales posiciones de sujeto y de objeto (indicando los verbos correspondientes), los resultados son relevantes tan solo en el sentido de acotar campos léxico-semánticos, pero no siempre son fiables para identificar bien las categorías sintácticas propias de la actancialidad (agente/objeto).

[33] La medida estadística que Sketch Engine denomina «puntuación de tipicidad» (*LogDice*) es una métrica habitual en lingüística computacional que indica la fuerza de una colocación, es decir, su tendencia a la lexicalización. Cuanto mayor es la puntuación obtenida, más fuerte se considera la colocación, mientras que una puntuación baja significa que las palabras de la colocación también se combinan frecuentemente con muchas otras palabras. Se estima que una puntuación superior a 7 indica ya asociaciones significativas, y que un incremento de un punto supone el doble de frecuencia de la colocación; el valor máximo de esta medida es 14 (Rychlý 2008).

6. … la administración Bush no solo ha negado el cambio climático, su existencia, sino que ha falsificado evidencias científicas (EM, 01/12/2007. Entrevista a Susan George).

En tercer lugar, entre los modificadores y atributos aparecen algunos claramente valorativos, con semas negativos: es un «problema», una «realidad» y una «amenaza». En concreto, el cambio climático es «inequívoco», «inevitable», «real», «peligroso» y «actual»:

7. El del cambio climático es un problema que afecta a todos los bosques sin excepción (EM 21/03/2023).
8. El cambio climático es ya una realidad asumida por los científicos (EP 21/02/2007).

Además, es «antropogénico»[34]. Otros términos nominales asociados (todos ellos con tipicidad superior a 9) son «energía», «desarrollo», «transición» o «sostenibilidad», así como los negativos «pobreza» y «contaminación»:

9. [Rebeca Grynspan, directora regional para América Latina y el Caribe del Programa de las Naciones Unidas para el Desarrollo (PNUD)] Lo dijo mientras explicaba el último Informe sobre Desarrollo Humano 2007-2008 del PNUD, que este año ha relacionado pobreza y cambio climático. (EP 28/11/2007).

Las expresiones «crisis climática» y «emergencia climática» toman fuerza en el informe especial del IPCC de 2018 sobre los impactos del calentamiento global. Existe bastante bibliografía dedicada a comprobar posibles efectos de la alternancia léxica entre «cambio climático» y «calentamiento global», así como entre «cambio», «crisis» o «emergencia climática». Villar y Krosnick (2011, 2) señalan que fue un asesor del expresidente estadounidense George Bush (el experto demoscópico Frank Lundt) quien alentó en 2002 la sustitución del término «calentamiento global» por «cambio climático», aduciendo que el primero incluía «connotaciones catastrofistas». En una entrevista de 2006 (Butler 2006), George Lakoff señalaba que los dos términos eran inadecuados y que la opción preferible sería «crisis climática»:

---

[34] El sintagma «origen antropogénico» tiene en el corpus una tipicidad de 11,1, pero «cambio climático antropogénico» la tiene de solo 4,7.

«Calentamiento global» es el término equivocado: «cálido» parece algo agradable. Por eso la gente piensa: «Vaya, me gusta el calentamiento global, Pittsburgh será más cálido». «Cambio climático» refleja el intento de ser científico y neutral. «Crisis climática» sería un término más efectivo. Colapso climático. Estrangulamiento por dióxido de carbono. Asfixia de la Tierra. Pero no es fácil cambiar estas cosas una vez que entran en el vocabulario. (Lakoff, apud. Butler 2006).

Por su parte, Jaskulsky y Besel (2013, 38) añaden que otros autores han desaconsejado «calentamiento global» por reflejar tan solo un aspecto de la crisis climática, mientras otros, como John P. Holdren, exasesor del expresidente Obama, recomiendan «emergencia climática».

En nuestros datos la expresión «calentamiento global» tiene una presencia mucho menor que «cambio climático», con solo 501 ocurrencias (pero una tipicidad de colocación de 13,2), lo que coincide con otros estudios similares referidos al discurso público en español. Por ejemplo, en un estudio referido a 10.939 mensajes publicados en 2022 en perfiles políticos de Twitter (PSOE, PP, Podemos y Vox), Pano Alamán (2023) constata también el claro predominio de «cambio climático» frente a expresiones alternativas. Del mismo modo, Erviti (2020) confirma el predominio de «cambio climático» en su análisis de 1.247 piezas periodísticas de *El País* y *El Mundo* publicadas entre 2015 (Cumbre de París) y 2019 (Cumbre de Madrid), y no aprecia diferencias significativas en los usos léxicos de ambos diarios; en sus datos, los sintagmas en segunda y tercera posición de frecuencia son «efecto invernadero» y «calentamiento global».

Los esquemas sintáctico-semánticos de «calentamiento global» en nuestro corpus resultan mucho menos poblados que los de «cambio climático» (visualización en el Gráfico 19 del Apéndice). Entre los atributos, se dice que es «real», es «intenso», es «progresivo», es «un problema» y es un «efecto». Los verbos con los que aparece en función de sujeto no son especialmente relevantes («superar», «generar», «seguir»), pero sí dan más información los que lo tienen como objeto: al igual que ocurría con «cambio climático» ocupan lugares destacados, con tipicidad superior a 10, «combatir», «frenar» y «limitar», a los que se suman otros como «mitigar», «suavizar» o «acelerar». Pero no apreciamos, en definitiva, una distribución que presente especificidades claras respecto a «cambio climático».

Existen varios trabajos que se plantean, mediante pruebas experimentales, si los términos «cambio climático» y «calentamiento global» desencadenan diferentes valoraciones de gravedad por parte de ciudadanos estadounidenses; tanto Villar y Kroskik (2011) como Jaskulsky y Besel (2013) concluyen que en general ambos términos se interpretan con el mismo nivel de gravedad, pero detectan cierta diferencia según la cual los republicanos perciben como más grave «cambio climático», mientras los demócratas otorgan esa mayor gravedad a «calentamiento global». Para las alternativas a «cambio climático», Jaskulsky y Besel (2013) analizan las posibles diferencias de efecto para ciudadanos jóvenes estadounidenses entre «global warming», «climate change», «climate crisis» y «climatic disruption» y comprueban que la opción preferible según Lakoff («crisis climática») es la menos efectiva; sus pruebas experimentales con una muestra de 225 encuestados universitarios indican que esta opción era la que despertaba más reacciones de incredulidad por considerarse hiperbólica.

El tipo de diferencias apreciadas entre informantes demócratas y republicanos en pruebas de laboratorio[35] nos llevó a plantearnos posibles diferencias entre *El País* y *El Mundo* que pudieran correlacionar con su respectivo paralelismo político. La Tabla 7 recoge la diferencia de utilización de estos sintagmas fundamentales en los dos diarios, que, como puede verse, no tiene ninguna relevancia en términos de frecuencia o tipicidad.

Tabla 7. Frecuencia de los sintagmas más relevantes del corpus en los dos diarios referidos a «cambio climático» y sus alternancias

Sintagma	El País			El Mundo		
	Menciones	Frecuencia	Tipicidad	Menciones	Frecuencia	Tipicidad
Cambio climático	2485	0,380%	13,7	1215	0,034%	13,7
Calentamiento global	331	0,050%	13,2	170	0,047%	13,3
Crisis climática	180	0,027%	10,6	73	0,020%	10,4
Emergencia climática	112	0,019%	10,1	55	0,015%	10,1

Fuente: elaboración propia a partir de Sketch Engine

[35] El trabajo de Jakulsi y Besel (2013) constaba de dos pruebas. En la primera manipulaban un texto publicado por el periodista científico William Broad en *The New York Times* de manera que se ofrecía a los informantes un mismo texto alterando las denominaciones según las cuatro variantes señaladas (además, también se reducía notablemente la extensión del texto original). En la segunda prueba se ofrecía a los informantes una pregunta abierta y 33 afirmaciones referidas al cambio climático para que las valoraran en una escala de Likert de 1 a 5 (total desacuerdo-total acuerdo), junto a preguntas de información demoscópica.

En el corpus completo, la distribución de ocurrencias de «cambio climático» (3.700 veces), «calentamiento global» (501), «crisis climática» (253) y «emergencia climática» (177) es notablemente distinta, y el predominio de la denominación «cambio climático» es incuestionable; la comparación de las asociaciones semánticas que establecen cada una de estas colocaciones (véanse en el Apéndice) no permite inferir que exista un uso marcado para las distintas alternativas. Además, «emergencia climática» corresponde en la mayoría de las ocasiones a la denominación acuñada por la ONU como categoría específica, lo que la carga de valor metalingüístico:

10. Más enfermedades infecciosas, exceso de calor, problemas respiratorios… así es la huella de la crisis climática en la salud (EM 15/11/2013).
11. Los jóvenes piden en la calle que España declare la «emergencia climática» (EP 25/05/2019).
12. El Parlamento Europeo declara la «emergencia climática» (EP 29/11/2019).

La distribución léxica de este último término —asociado, como decimos, a una posición oficial de Naciones Unidas sobre la gravedad del problema—, sí nos permite apreciar ciertas diferencias en la cobertura de los dos periódicos. Puede consultarse en el Gráfico 20 del Apéndice la visualización del sintagma «emergencia climática» diferenciada para los dos diarios; el rasgo más reseñable es, probablemente, que en *El Mundo* no aparece destacado ni el sustantivo «declaración» ni el verbo «declarar», aunque sus páginas sí se hacen eco de las afirmaciones del líder de derecha radical calificando de «trampa (marxista)» la emergencia climática. El ejemplo siguiente recoge uno de los escasos usos del sintagma, que asume un claro posicionamiento ideológico:

13. Grieta Túmveri (así dice Tadeu que se pronuncia Greta Thunberg) llegará a Madrid del mismo modo que Marisol, ¡la niña prodigio del Régimen!, se fue rumbo a Río a ver a Copito. En un barco como en Tatuaje (ella vino en un barco/ no la trajo Zapatero…, cantaría doña Concha), pero ella es blanca y rubia como la leche de avena. Pena que esta vez no haya un velero con príncipe incluido que la deposite en ¿dónde? Cádiz, Lisboa, Barcelona… y que luego coja ese ferrocarril (¿por qué narices Irene Montero y Adriana Lastra ya no hablan de tren?) que la lleve a Madrid, adonde Sánchez se ha traído a Piñera y su Cumbre del Clima. Un puntazo de nuestra diplomacia

exterior, pese a los muchos matices aplicables al discurso imperante de la **emergencia climática**. La ministra Ribera es capaz de mandarle el Elcano. O, por qué no, una galera en la que vayan remando los voluntarios. (Emilia Landaluce, «La oportunidad de Almeida», EM 05/11/2019).

Por último, nos fijamos en la posición de estos sintagmas en el inventario de palabras-clave multipalabra del corpus[36]. Observamos que (por referencia al corpus de Sketch Engine *Spanish Web 2023*), «cambio climático» ocupa la primera posición, «transición ecológica» la cuarta, «crisis climática» la séptima, «calentamiento global» la undécima y «emergencia climática» la duodécima. Sin embargo, en el estudio léxico de Álvarez Torres (2024, 11), referido a 557 piezas periodísticas digitales publicadas en torno a la COP28 de 2023, «crisis climática» ocupaba la primera posición entre las combinaciones léxicas de las palabras clave y por referencia al corpus digital del español de 2018 (*Spanish Web 2018*), mientras «cambio climático» ocupaba el cuarto lugar y «emergencia climática» el octavo.

Terminamos este repaso léxico atendiendo a cuatro términos que son importantes en los estudios sobre el cambio climático y cuya incidencia impacta directamente en la vida de las personas: «ola de calor», «refugio | refugiado climático», «noche tórrida» y «noche tropical». La Tabla 8 recoge el número de piezas periodísticas que, en los dos diarios, y en los tres años del corpus, incluyen alguna mención a «noche tropical», «noche tórrida», «ola de calor» y «refugio | refugiado climático»; nos sorprendió tanto la escasez de textos que añadimos también la búsqueda referida a 2024.

Tabla 8. Textos periodísticos con mención a fenómenos del cambio climático de alto impacto en la vida de las y los ciudadanos

	El País				El Mundo			
	2007	2019	2023	2024	2007	2019	2023	2024
Noche tropical	0	3	0	0	0	1	1	0
Noche tórrida	0	0	1	0	0	0	0	0
Ola de calor	22	45	32	10	8	18	44	17
Refugio | refugiado climático	0	0	1	3	0	0	1	3

Fuente: elaboración propia a partir de FACTIVA

[36] Las palabras clave se establecen por referencia a corpus de datos no marcados, es decir, que no han sido construidos con una búsqueda léxica concreta; por el contrario, el análisis de frecuencias léxicas se refiere al universo cerrado de un corpus concreto.

Como puede apreciarse, las olas de calor sí obtienen cierta atención periodística, pero ni las noches tropicales y tórridas ni los refugios climáticos reciben en *El País* y *El Mundo* la atención que, pensamos, correspondería a su gravedad y su huella en la vida de las personas/los lectores; apenas 6 de los 1.418 textos incluyen estos términos. Uno de esos 6 textos es un editorial de *El País* titulado, precisamente, «Refugiados climáticos» (EP 10/12/2019); respecto a posibles términos alternativos, es interesante comprobar que las colocaciones «refugiado ambiental» y «refugiado medioambiental» muestran en los datos menos menciones pero mayor tipicidad que «refugiado climático».

Las noches tropicales son aquellas en las que la temperatura no baja de los 20 °C, mientras las noches tórridas o noches ecuatoriales son aquellas en las que la temperatura mínima no baja de 24 °C o 25 °C (Núñez 2020). Su incidencia no ha parado de aumentar[37], y sus consecuencias para la salud de las personas son muy negativas; además, son fenómenos cuya gravedad está especialmente unida a la pobreza energética[38], que para muchos hogares convierte el aire acondicionado en paliativo inalcanzable. Por eso llama la atención el desinterés periodístico en los dos rotativos de mayor audiencia. El siguiente fragmento es de uno de los pocos textos del corpus («Es como un incendio en el mar», de Miguel Ángel Medina y Ferran Bono) en que se recoge este fenómeno de alto impacto en la salud, aunque el reportaje lo aborda sobre todo por referencia a la fauna marina y a los efectos en el turismo:

14. «Las noches a orillas del Mediterráneo son cada vez más cálidas, con mínimas por encima de los 25°», explica Rubén del Campo, portavoz de la Agen-

---

[37] Por ejemplo, el *Estudio Global del Clima* de la Organización Meteorológica Mundial de 2021 (WMO 2021) destacaba que las olas de calor marinas han duplicado su frecuencia desde la década de 1980; igualmente, señalaba un incremento en la frecuencia e intensidad de precipitaciones extremas en la mayoría de las áreas terrestres desde la década de 1950. Otro estudio de Shenoy *et al.* (2022) muestra que entre 1979 y 2019 la probabilidad de eventos extremos de temperatura en Estados Unidos, que antes ocurrían una vez cada 100 años, se ha duplicado en promedio, y es hasta 2,6 veces más en los meses de julio a octubre. El más reciente de Wu *et al.* (2025) registra, para la zona mediterránea, tendencias significativas tanto en la frecuencia como en la intensidad de los cambios bruscos de temperatura.

[38] Los datos del *XV Informe sobre el Estado de la Pobreza de EAPN-ES* (Red Europea de Lucha contra la Pobreza y la Exclusión Social) refieren (EAPN-ES 2025) que el 17,6% de la población española no puede mantener su vivienda a la temperatura adecuada; esta incapacidad es mucho mayor para enfriar los hogares en verano que para calentarlos en invierno. La cifra media para Europa es del 10,6%.

cia Estatal de Meteorología (AEMET). Y ofrece datos: Valencia ha tenido 18 de estas noches tórridas el pasado julio, cuando en toda la década de los noventa registró 12, más o menos una por año. («Es como un incendio en el mar», EP 06/08/2023).

En el Apéndice recogemos la visualización de «salud» en el corpus, y los términos asociados. Se trata de un aspecto esencial del impacto de la emergencia climática, que pone de manifiesto la importancia de desplazar el protagonismo desde el clima a las personas:

> Los sistemas de salud y de bienestar social están diseñados para un clima que ya no existe. Esperar que los profesionales y los ciudadanos se habitúen a la cascada interminable de traumas colectivos que vivimos es una fantasía. Los procesos de reconstrucción y, sobre todo, de recuperación, que se ponen en marcha tras las catástrofes climáticas como la dana [del 29 de octubre de 2024], deben tener en cuenta las salud física y mental y el bienestar social de la población. Asimismo, es preciso la capacitación de los sistemas de salud y servicios sociales. (Tabarés 2025).

4.1.3. El léxico de la transición ecológica

Ya señalamos al describir la elaboración del corpus que la búsqueda de «transición ecológica» apenas proporciona una muestra representativa, pero existen matices semánticos en el propio término que lo sitúan en una esfera distinta a la del cambio climático. En este sentido, Melé (2022) señala, por referencia a Francia, el matiz que apunta a la movilización de la sociedad:

> Históricamente, la noción de transición está relacionada con la de desarrollo sostenible: fue utilizada en el informe Brundtland de 1987 para hacer referencia a un periodo y a una estrategia de transición hacia un nuevo modelo de desarrollo más sostenible. Luego, su uso parece haberse puesto entre paréntesis ante la generalización del término de «desarrollo sostenible» por las instituciones, y ante el uso del de «decrecimiento» por los movimientos sociales. En Francia, el regreso del término data de la década

de 2010. Ello refleja la voluntad de movilizar a la sociedad en su conjunto respecto a las cuestiones climáticas (…) La transición designa —para instituciones, para individuos y para grupos— el paso a la acción, la adopción de una estrategia de cambio, y también un nuevo repertorio de acción colectiva. (Melé 2022, 1)[39].

He aquí dos fragmentos de ambos diarios en los que se habla de la transición ecológica, ambos pertenecientes a textos de opinión; recordemos que en 2007 estos términos todavía no aparecen en el corpus:

15. Que Europa actúe como garante de la transición ecológica no es un problema, sino que la llena de legitimidad. Su mayor distancia de los conflictos concretos en cada territorio le permite mirar a medio y largo plazo y abordar así desafíos que la presión de la inmediatez dificulta sobremanera. Además, escapa a las redes clientelares locales, y aunque no fuera capaz de hacerlos con las globales, no sería tan contradictorio, pues muchas de ellas están viendo en la economía verde magníficas oportunidades de negocio. («Un 28-M contra el clima», Cristina Monge, EP 12/05/2023).

16. La marcha por el clima, protagonizada por la icónica niña Greta Thunberg, recorrió la capital para exigir medidas «reales y ambiciosas» a la comunidad internacional, reunida esta semana en la Conferencia de las Naciones Unidas sobre el cambio climático. Esta enorme presión ciudadana es fruto de la mayor concienciación social existente sobre la realidad que constituye el calentamiento global, cuya situación, a la luz del diagnóstico científico, se ha agravado. Si en la actividad humana está su causa, en ella debe encontrarse también la solución. La transición ecológica es necesaria, sí, pero para que sea eficaz también debe ser justa –con compensaciones a quienes trabajan en industrias obsoletas– y emprenderse de manera gradual. («Rigor contra el cambio climático sin alarmismo», EM 07/12/2019).

El programa de análisis Sketch Engine señala para «transición ecológica» distribuciones léxico-sintácticas con algunas diferencias de interés respecto a «cambio climático» y sus términos vinculados (Tabla 9).

---

[39] La Comisión presidida por la ex primera ministra noruega Gro Harlem Brundtland presentó un informe que planteaba por primera vez la necesidad de un desarrollo económico sostenible. El Informe Brundtland (Nuestro futuro común) sirvió de base para Cumbre de la Tierra de Río de Janeiro (1992), en la que se constituyó la Convención Marco CMNUCC.

Tabla 9. Frecuencia de los sintagmas más relevantes del corpus en los dos diarios referidos a «transición ecológica» y sus alternancias

	El País			El Mundo		
	Menciones	Frecuencia	Tipicidad	Menciones	Frecuencia	Tipicidad
Transición ecológica	104	0,010%	12,6	96	0,027%	12,8
Transición energética	141	0,021%	12,3	124	0,035%	12,6
Transición verde	14	0,002%	9,4	14	0,004%	9,8
Transición justa	36	0,006%	11,5	16	0,005%	10,7

Fuente: elaboración propia a partir de Sketch Engine

El corpus ofrece para «transición ecológica» las relaciones léxico-sintácticas del Gráfico 21 del Apéndice. Resulta evidente que los términos vinculados presentan un matiz valorativo distinto; sobre todo se trata de una transición «justa», pero también «inevitable», «necesaria» y «difícil»; es una «oportunidad» asociada con verbos que mueven a la acción, como «impulsar», «afrontar», «gestionar» y «acelerar», junto a otros como «vender» y «financiar». Podemos decir que, a diferencia de lo que ocurre con el sintagma «cambio climático», el sintagma «transición ecológica» parece activar semas con el rasgo de selección /+activo/, lo cual a su vez facilita instaurar una esfera semántica relacionada con las sociedades y los seres humanos.

Respecto a los matices con los otros términos asociados, aunque «transición energética» recibe más atención en los dos diarios (266 ocurrencias vs. 200), «transición ecológica» presenta una tipicidad mayor como colocación fija, es decir, se trata de un sintagma con mayor grado de lexicalización; por el contrario, aunque «transición justa» no fue un término específico en la elaboración del corpus, tanto su frecuencia de aparición como su tipicidad son mayores que las de «transición verde». Mientras los cambios entre «cambio | crisis | emergencia climática» no parecen tener especial importancia, más allá del sema de gravedad que incluye «emergencia», las opciones «transición ecológica» y «transición energética» sí muestran diferencias más notorias. La más evidente es la vinculación de esta última con el ámbito de la industria y la empresa.

4.1.4. El léxico de las políticas medioambientales

Como ya señalamos, y como comprobaremos al hablar de los grandes temas del corpus, el enfoque político del cambio climático resulta esencial en la cobertura periodística. Por ello hemos recogido en el Gráfico 25 del Apéndice la visualización del término «política» en los textos de *El País* (455 ocurrencias, frecuencia 0,069%) y *El Mundo* (163 menciones, frecuencia 0,045%). Existen ciertos matices que señalamos a continuación:

- En lo que se refiere a las acciones vinculadas a la política, ambos diarios muestran verbos relacionados con la ejecución práctica de las medidas políticas: «adoptar», «desarrollar», «aplicar». Como elementos diferenciadores cabe mencionar que en *El Mundo* encontramos verbos como «imponer», «odiar», «rivalizar», «sabotear», «refutar», «criticar», «apoyar» o «elogiar», que introducen matices valorativos y críticos.
- En *El País* la política medioambiental tiene la misma presencia que la energética, pero en *El Mundo* es mayor la energética. Además, *El País* da importancia a la política «ambiciosa».
- En cuanto a los términos nominales asociados, mientras en *El País* se destacan «medida», «cambio» y «ciencia», *El Mundo* introduce conceptos como «intervencionismo», «riesgo», «finanzas» o «dependencia», que también aportan matices valorativos y focalizan el subtema de la economía.
- Ambos diarios atienden a las políticas «de la UE». En *El Mundo* se habla, además, de política «de incentivo», «de dividendos», «de descarbonización» o «de Evo (Morales)», y *El País* prioriza los complementos preposicionales «política de vivienda», «de residuos», «de Greenpeace», «de igualdad», «de transición», «de prevención», «de Estado», «de cohesión», «de protección» o «de ayuda».

En definitiva, el análisis de la designación en el corpus de textos confirma la hipótesis de que el protagonista léxico del cambio climático, en tanto que punto nodal articulador del discurso, es el planeta. Pero si este tipo de comunicación pretende interpelar a la ciudadanía, será necesario superar el ámbito específico de la comunicación científica y potenciar otro tipo de términos, como por ejemplo «transición ecológica | verde | energética», «adaptación ecológica | climática», «compromiso sostenible», «nuevos hábitos climáticos»…, cuyo sujeto ya no es el planeta o la naturaleza, sino las personas. Véase por ejemplo el protagonismo ciudadano que reflejan los siguientes titulares:

17. Se buscan titulados para gestionar la transición ecológica (EP 16/05/2023).
18. Solo un 18% de los empleos verdes son para mujeres (EM 22/06/2023).
19. Uno de cada seis españoles respiró en 2022 aire muy contaminado (EP 21/0672023).

4.2. Actancialidad: los protagonistas del cambio climático y la transición ecológica

La *estrategia predicativa* del encuadre discursivo puede considerarse el correlato estrictamente gramatical (sintáctico) de la estrategia léxica. Si la cobertura periodística sobre el tema aspira a interpelar a la ciudadanía, es importante que la actancialidad de los discursos sobre el cambio climático focalice a las personas; de ahí que el análisis se plantee preguntas acerca del modo en que esta comunicación selecciona a los sujetos de la acción relacionada con la crisis climática/ecológica. En definitiva, el encuadre predicativo de los textos se encarga de la distribución del protagonismo agentivo (actancialidad sintáctica) respecto al cambio climático y la transición ecológica; lo que nos interesa es identificar quiénes son los actores fundamentales en el discurso.

4.2.1. Actores del cambio climático en los textos periodísticos

Como señalamos al describir los abordajes fundamentales en la comunicación sobre el cambio climático, los enfoques antropológicos de la comunicación climática insisten en la necesidad de considerar el modo en que los destinatarios de la comunicación conciben su relación con la naturaleza.

Gráfico 9. Agentes fundamentales del discurso medioambiental determinados por el modo en que concibe la relación con la Naturaleza

Fuente: traducción propia de Killingsworth y Palmer (1992, 11)

El trabajo clásico de Killingsworth y Palmer (1992) ya proponía varios enfoques a lo largo de un *continuum* cuyos polos designan tres actitudes humanas hacia el mundo natural (Gráfico 9), según lo conciban como objeto, como recurso o como entidad espiritual. Estas tres actitudes distintas las asocian a diferentes actores sociales. Nuestro corpus es asimilable a esta clasificación salvo en la presencia clara del misticismo de la naturaleza (la llamada «ecología profunda»)[40], que el periodismo no muestra en esa versión radical. En algunos casos, sin embargo, ese discurso que mitifica la naturaleza abre la puerta al marco periodístico moralista (Semetko y Valkenburg 2000; Killingsworth 2007), por ejemplo mediante entrevistas o textos de opinión; véanse dos ejemplos de fechas no cubiertas por el corpus:

20. David Attenborough: «Es nuestro deber moral evitar la extinción de las especies» (EM, 22/10/2009, entrevista).
21. La respuesta moral ante el cambio climático (EP 29/09/2014, columna de Antxon Olabe).

Para precisar el alcance del encuadre predicativo se analizaron los sujetos gramaticales y pragmáticos de los 1.418 titulares del corpus, y a partir de este análisis se identificaron las categorías que recoge el Gráfico 10.

Gráfico 10. Encuadre predicativo: reparto de la actancialidad en los 1.418 titulares del corpus

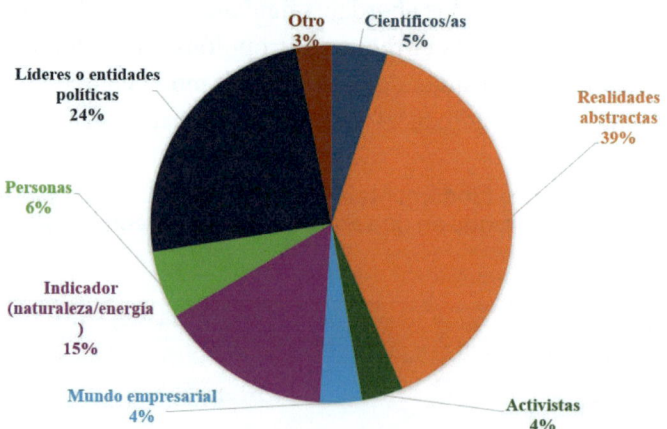

Fuente: elaboración propia

---

[40] No obstante, este misticismo sí tiene presencia en nuestra sociedad de la mano del pensamiento mágico que alientan algunos populismos de izquierda (por ejemplo, al concebir el planeta como un ente animado que se librará de la especie humana y seguirá su rumbo).

La importancia que siempre han tenido los titulares periodísticos se acentúa desde que la lectura de prensa dejó de ser una acción intencionada y sistemática y pasó a ser un acto predominantemente casual, propiciado por los algoritmos de las redes sociales. De ahí que les prestemos una especial atención, pues su función de *captatio* resulta imprescindible para atraer un tipo de receptor de la comunicación sobre el cambio climático que podemos llamar «destinatario casual», que no busca información sobre el tema sino que la encuentra en su navegación por Internet. Además, los protagonismos actanciales de los titulares son trasladables, en general, a los textos que encabezan.

El eje temático de la naturaleza, que aparecía en la selección léxica y que da protagonismo a los eventos climáticos y ambientales abstractos, se corresponde con textos como el del ejemplo: adelanto de la floración del olmo o de la vendimia, aumento de la población de cierto insecto, cambios en el patrón de lluvias:

22. Esta iniciativa parte de una serie de «evidencias». La floración del olmo, por ejemplo, se ha adelantado en 30 días en los últimos 30 años, así como la vendimia que en Francia o Alemania se ha anticipado entre 16 y 23 días. Curioso es el caso de la mosca *drosophila suboscura*, pues un estudio desarrollado en Monte Pedroso reveló un aumento de población gracias a un gen adaptado al calor. Con todo, uno de los efectos más contundentes del cambio climático es la variación en el patrón de las precipitaciones, registrándose nuevos mínimos en febrero, justo cuando los cultivos y forrajes precisan de mayores aportes de agua. Por eso se propone la promoción de forrajes de mayor enraizamiento ya que se prevé la pérdida paulatina de materia orgánica de los suelos, lo que recortará su capacidad productiva. (EP 17/02/2007).

El análisis de los sujetos identificados en los titulares nos llevó a una clasificación en siete grupos, con los siguientes resultados:

1. Realidades abstractas. Los fenómenos abstractos copan el protagonismo del 39% de los titulares del corpus global. Dada su importancia, es posible establecer algunos matices discriminadores. Algunos de ellos (un 19,9% del total del corpus) se mantienen en la más absoluta abstracción, a veces recurriendo a metáforas:

23. Pocos amigos para el planeta (EM 09/12/2007).
24. El rugido del mundo (EP 16/01/2007).
25. Daños naturales (EM 23/09/2019).

Por lo que se refiere a la agentividad que los textos conceden al propio cambio climático, las acciones atribuidas activan marcos negativos y contundentes: «afectar» («afectará a España más que a otras regiones»), «hacer retroceder» («puede hacer retroceder un 20% la economía mundial»), «amenazar» («amenaza ya a cientos de millones de pobres»), «suponer un desastre» («supondrá un desastre para la economía»). Pero otro grupo importante de titulares de este grupo (6% del total) da protagonismo al mismo cambio climático sin concederle agentividad. Mientras 280 titulares nombran el «cambio climático», solo 5 mencionan la «transición ecológica» y 14 la «transición energética»:

26. 210.000 empleos menos sin transición verde común (EM 06/10/2023).
27. Contra el cambio climático, hechos (EP 26/10/2007).

Por último, también incluimos en este grupo titulares que introducen como sujeto pragmático un segundo elemento que corresponde bien a los efectos del cambio climático o la transición ecológica (5,1% del total), o a algunas posibles medidas de mitigación/adaptación (7,8%); muchos son enunciados nominales:

28. España ante el cambio climático (EM 08/02/2007).
29. Alto al cambio climático (EP 08/04/2007).
30. Comer menos carne para frenar el cambio climático (EM 11/10/2019).
31. El impacto del cambio climático en las DANA (EM 20/09/2023).
32. Emisiones en mínimos gracias a las renovables (EP 22/12/2023)

2. Líder o entidad política. Se incluyen en esta categoría tanto sujetos gubernamentales como entidades sindicales o empresas públicas, y tanto nacionales y locales como internacionales. Estos titulares suponen el segundo grupo más numeroso (24%) del corpus, y reflejan el interés de la prensa por las políticas climáticas (o por su fracaso y falta de compromiso); suman el 22% de la actancialidad en el corpus de *El Mundo* y 25 % en el corpus de *El País*. También se incluyen aquí textos que evidencian la politización perversa del problema:

33. [La ministra de Medio Ambiente, Cristina] Narbona desaconseja construir en la costa para prevenir el cambio climático (EP 12/04/2007).
34. Los gobiernos aceptan atribuir al hombre el calentamiento global (EP 14/11/2007).
35. El Gobierno da solo un primer paso contra el cambio climático (EM 21/07/2007).

36. Vox niega los hechos y el PP se pone medallas (EP 03/12/2019).
37. Islas Baleares aprueba la ley que prohibirá el diésel a partir de 2025 (EM 13/02/2019).

Aunque los líderes y organismos políticos ocupen un segundo puesto, son los actores sociales más destacados, resultado que coincide con otros trabajos. Por ejemplo, en un análisis de 58 noticias digitales de prensa chilena, Hasbún-Mancilla *et al.* (2017, 169) constatan que «los actores con mayor presencia son los políticos, seguidos por los científicos y expertos, y los organismos internacionales. Más atrás están los empresarios, siendo notable la ausencia de actores ciudadanos». En su trabajo los políticos tienen un 38,4% de la actancialidad, seguidos por los científicos y expertos (30,7%), los organismos internacionales (20%) y las empresas (9,2%).

La agentividad de los políticos refleja con frecuencia la propuesta de medidas concretas para frenar el calentamiento global y sus efectos, pero también la incoherencia y la falta de iniciativas radicales. La posición desde la que se refleja esta pasividad de los gobiernos evoca[41], lo que Wallace-Wells (2019) describe como una «impotencia aprendida» lo cual es muy importante a la hora de identificar posiciones de recepción ciudadana. Se diría que junto al alejamiento espacial y temporal que causan las noticias sobre especies en peligro o sobre los efectos a largo plazo y en lugares remotos (la «hipermetropía» de Uzzell), las noticias repetidas sobre iniciativas políticas sin resultados claros provocan también un tipo específico de lejanía en el lector modelo de los textos. En este sentido, ya en 2009 Moyano, Paniagua y Lafuente apuntaban una percepción de las medidas de mitigación/adaptación como «una especie de "suprapolítica" que se define en instancias globales (europeas, internacionales, …) y que no guarda relación alguna con las políticas de escala regional/local» (2009, 694).

3. Indicador reconocible del cambio climático o de la transición energética. El tercer grupo de textos (15% del corpus) corresponde a titulares que dan protagonismo gramatical o pragmático a especies naturales y fenómenos geofísicos o meteorológicos, mostrando actividades y rasgos asociados:

---

[41] «Puede ser más fácil sentir empatía hacia ellos [las especies amenazadas y los ecosistemas en peligro], quizá porque preferimos no asumir nuestra propia responsabilidad, sino limitarnos a sentir su dolor, al menos por poco tiempo. Frente a la tormenta que los seres humanos han levantado, y que seguimos levantando cada día, parece que nos sentimos más cómodos si adoptamos una actitud aprendida de impotencia» (Wallace-Wells 2019).

38. Así ha aumentado el nivel del mar desde 1880 (EM 15/06/2019).
39. El apocalipsis de los insectos: el 41% de especies, en declive (EM 12/02/2019).
40. La procesionaria retrocede tras crecer sin control cuatro años (EP 01/04/2019).
41. El cambio climático altera las costumbres migratorias de las grullas (EM 20/02/2023).
42. Emisiones en mínimos gracias a las renovables (EP 22/12/2023).
43. REE [Red Eléctrica Española] aumenta su inversión regulada. Prevé 3.180 millones con cargo al recibo en 5 años para acelerar la transición energética (EM 04/07/2019).
44. Coches más verdes (EP 05/08/2007).

4. Personas con las que el lector se puede identificar. En este grupo (apenas un 6% del total del corpus) incluimos aquellos titulares que dan agentividad a personas anónimas, ciudadanos o colectivos que opinan o actúan en referencia al cambio climático; el recurso es utilizado por *El País* en mayor medida que por *El Mundo*. En su análisis sobre la cobertura de las COP de 2010 y 2011 (Cancún y Durban) en los telediarios, Piñuel, Gaitán y Lozano (2012) y Piñuel (2013) subrayan un encuadre de conflicto y etiquetan a estos ciudadanos anónimos como «comparsa» respecto a los «protagonistas», que son los políticos, y los «antagonistas», que son los activistas del clima. En nuestro corpus, encontramos titulares de protagonismo ciudadano que pueden activar algún tipo de reconocimiento en el lector:

45. El clima de mi nieto (EP 17/04/2007).
46. Los estudiantes defienden el planeta (EP 16/03/2019).
47. Kevin (y sus vecinos) en el precipicio (EM 10/12/2023).
48. Uno de cada seis españoles respiró en 2022 aire muy contaminado (EP 21/06/2023).

Aunque algunos reflejan una ciudadanía culpable, contaminante, irresponsable, que encaja en el *topos* de «el cambio climático es culpa nuestra (vuestra)»:

49. Cada catalán emite diez toneladas de CO_2 a la atmósfera al año (EP 01/02/2007).
50. Los gallegos están a la cabeza de Europa en la utilización del coche (EP 28/01/2007).

51. Los valencianos reciclan mucho y usan poco el transporte público. (EP 15/11/2007).

5. Científicos/as/. Ya se trate de una persona concreta o de una entidad colectiva, protagonizan un 5% de los titulares, y en su práctica totalidad corresponden a actos de habla: declaraciones, afirmaciones, publicaciones, estimaciones, advertencias:

52. Los expertos apuestan por controlar los suelos rurales y restringir el uso de vehículos (EP 12/04/2007).
53. Científicos españoles presentan cientos de nuevas especies que se han observado por primera vez debido al deshielo provocado por el cambio climático (EM 22/03/2007).

6. Activistas del clima y ecologistas. Llama la atención que los actores ecologistas tengan un protagonismo tan escaso, con solo el 4% de los titulares del corpus global. Killingswoth y Palmer (1992) señalaban que las organizaciones ecologistas, junto a los agentes del mundo rural (agricultores), son las comunidades con menos poder y apoyo público, pero lo cierto es que las asociaciones y fundaciones ambientalistas tienen más respuesta ciudadana de la que permitiría deducir su tratamiento periodístico. Las acciones de los activistas que logran más cobertura en los dos periódicos son las de protesta, especialmente las que consisten en *performances* contra el patrimonio, pero otras actividades de concienciación y movilización no obtienen visibilidad; veremos, en cambio, que sí se da más protagonismo a su opinión sobre los temas ecológicos (es decir, sobre las acciones de otros sujetos):

54. Greenpeace quiere que se prohíban urbanizaciones con campos de golf (EM 13/03/2007).
55. Un informe de Greenpeace defiende que es viable que España use solo energías renovables (EP 12/05/2007).
56. Greta y os grabo (EM 23/04/2019).
57. 'La Venus del espejo', atacado por activistas contra el cambio climático (EP 06/11/2023).

Especialmente relevante nos parece el diferente interés de los dos medios por los movimientos activistas juveniles de 2019. En *El País* hay 15 titulares que topicalizan este protagonismo de jóvenes y estudiantes durante las manifestaciones de 2019, pero *El Mundo* no destaca este aspecto generacional, aunque lo rescata en un titular de 2023 con un encuadre distinto:

58. Los jóvenes, a la cabeza de una lucha climática… sin tasas verdes. Los jóvenes son el colectivo más preocupado por el medioambiente, pero también uno de los que más se resiste al pago de impuestos verdes (EM 12/09/2023).

En ambos diarios encontramos textos de opinión de 2019 con matices despreciativos o burlones respecto a la figura de Greta Thunberg; en otras ocasiones se la trata con enfoques paternalistas[42]:

59. Greta, una chica muy especial (EP 25/03/2019).
60. ¡Que viene Greta! (EM 10/11/2019).
61. El runrún de Greta; el tra tra del Dalai Lama (EP 06/12/2019).

7. Mundo empresarial. Son titulares que abordan algún tipo de implicación de las empresas en el problema del cambio climático, por ejemplo presentando soluciones empresariales a los desafíos del cambio climático o insistiendo en la exigencia de ayudas públicas para la adaptación. Aunque el corpus solo ofrece un 3% de noticias de este tipo, la bibliografía identifica (Schlichting 2013) una estrategia habitual de la industria[43] que consiste en presentarse como precursora en la lucha contra el cambio climático a través de la innovación tecnológica, restando así importancia a la necesidad de regulación gubernamental o, como en el caso de los anuncios publicitarios de ExxonMobil, trasladando la responsabilidad a los ciudadanos (Suparn y Oreskes 2021). La cobertura del corpus, no obstante, recoge otros marcos:

---

[42] El protagonismo de Greta Thunberg en 2019 ejemplifica la ligereza con la que la esfera pública sigue presentando a las mujeres, desprovistas de su apellido. *El Mundo* solo la nombra con apellido en el 34% de sus menciones, y *El País* en el 59,7%. Sin duda es una mujer joven, pero su popularidad y la seriedad de sus iniciativas no encajan bien con esa designación limitada al nombre propio, algo que desde luego no ocurre con los líderes varones de cualquier ámbito.

[43] Schlichting (2013) propone tres fases en el encuadre del cambio climático en la comunicación empresarial: «A principios y mediados de los años 90, la industria estadounidense de los combustibles fósiles y del carbón impulsó el marco de la incertidumbre científica. Con el camino hacia las negociaciones de Kioto en 1997, la estrategia se desplazó hacia las consecuencias socioeconómicas de las reducciones obligatorias de emisiones, en particular en los Estados Unidos y Australia. Al mismo tiempo, los actores industriales europeos comenzaron a promover el liderazgo industrial en la protección del clima, que hoy predomina en todas las regiones del mundo».

62. La banca avisa del coste de la 'revolución verde' (EM 04/12/2019).

63. Ana Botín, contra el populismo y el cambio climático (EM 06/11/2019).

64. Repsol ajustará en 4.800 millones sus activos para llegar a cero emisiones (EP 03/12/2023).

65. ExxonMobil tuvo datos precisos del cambio climático desde 1977 (EP 13/01/2023).

66. Ortega compra renovables a Repsol por 363 millones (EM 13/11/2023).

8. Otros. Existen otros textos (un 3% del total) cuyos titulares implican en la acción climática a otros actores, ya sean institucionales o individuales. Por ejemplo, instituciones jurídicas o universitarias, el rey español o el británico:

67. El Supremo da la razón al Gobierno en el primer litigio climático frente a ecologistas (EP 28/07/2023).

68. La Complutense, en lucha por un campo sin emisiones (EP 22/05/2019).

69. La FAO apuesta por pagar a los campesinos más ecológicos (EP 16/11/2007).

70. El «rey activista» [Carlos de Inglaterra] cumple 75 años (EM 15/11/2023).

Gráfico 11. El encuadre predicativo de los titulares de los textos, según medios y años

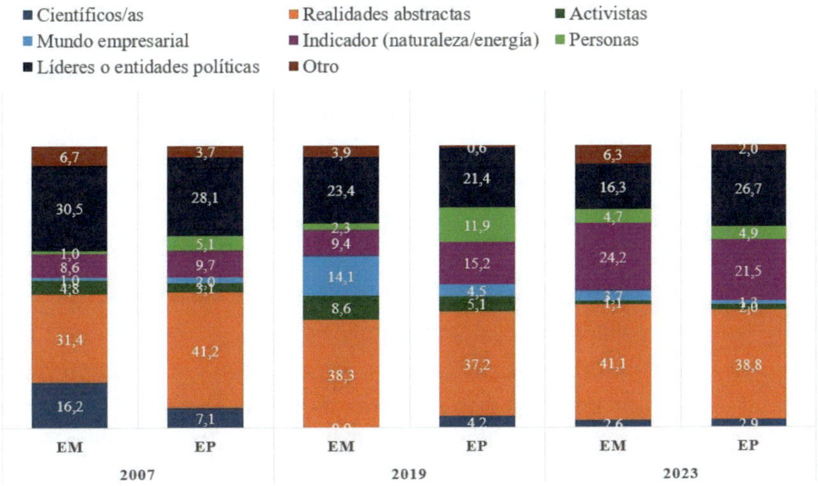

Fuente: elaboración propia.

El gráfico 11 desglosa el reparto de la agentividad por periódicos y años; como puede apreciarse, no hay diferencias notables ni entre los medios ni a lo largo del tiempo; junto a las realidades abstractas, el protagonismo es siempre de los indicadores naturales y (en mucha menor medida) energéticos, mientras que entre los seres animados son los representantes de la política los que asumen la mayor carga agentiva.

En definitiva, cuando los titulares de los textos destacan la actancialidad (no son meramente descriptivos), los sujetos de estos discursos son, o bien los gobiernos (que celebran cumbres sobre el clima, legislan, o acuerdan protocolos y los incumplen) o bien los agentes naturales (el mar, los glaciares, las especies animales o vegetales…) y los indicadores contaminantes (nivel del mar, emisiones). Sin embargo, los científicos y los activistas no tienen una relevancia comparable, y apenas se otorga agentividad a las personas a las que —supuestamente— se pretende convencer de la gravedad del problema. Por ejemplo, un titular como «El marisqueo en Galicia, al límite a las puertas de Navidad» (*El País* 2023) recurre a un sujeto abstracto en lugar de dar protagonismo a las mariscadoras gallegas. Algo similar ocurre en «Las plagas y la contaminación en las playas y la Albufera, problemas ambientales que preocupan en Valencia» (EP 2023). Estos dos titulares de *El Mundo* de 2023 ilustran perfectamente el contraste de actancialidad sintáctica al que nos referimos:

71. La subida del mar ya amenaza a 900 millones (EM 22/06/2023).
72. 900 niños alzan la voz contra el cambio climático (EM 22/06/2023).

En este sentido es interesante recoger los análisis de Davis (2015) sobre el encuadre de la comunicación medioambiental publicitaria centrada en la acción ciudadana. En un trabajo basado en encuestas de valoración textual sobre este tipo de anuncios, realizadas a 218 estudiantes posgraduados con una media de edad de 22,6 años, el autor diferencia tres variables:

1. Las acciones en cuestión provocan cambios positivos o negativos para la calidad ambiental.
2. Las sugerencias de acción apuntan a limitar de algún modo los hábitos de consumo («gastar menos», por ejemplo usar transporte público, reducir los plásticos) o a la contribución activa («hacer más», por ejemplo reciclar, comprar coches no contaminantes).
3. Los problemas ambientales se plantean en términos de corto plazo (afectan a la generación actual) o largo plazo (a las generaciones futuras).

Aunque las limitaciones de edad y nivel educativo son evidentes en su estudio, Davis (2015, 295) concluye, en primer lugar, que las tres variables de los mensajes son relevantes. Además, los resultados de sus encuestas mostraban que los informantes (jóvenes y con formación universitaria) preferían mensajes centrados en las consecuencias negativas de su propia inacción para sí mismos y sus iguales, y reaccionaban con más implicación que ante los mensajes positivos; por último, no se detectaban diferencias significativas referidas al compromiso de acción posterior. En este sentido, cabe pensar que para la ciudadanía de mayor edad pueda ser más importante que el mensaje apunte a las generaciones futuras y a las acciones a largo plazo, aunque la bibliografía ha prestado más atención al colectivo de personas jóvenes en el marco de los nuevos activismos sociales (Corner *et al.* 2015; Ojala y Lakew 2017; Hawley 2022).

Otro aspecto importante es la temporalidad de esta actancialidad: el proceso de adaptación al cambio climático lleva en marcha décadas, pero a veces parece que todavía es algo que se aplaza al futuro (o al condicional), como revisaremos al hablar de las esferas temáticas predominantes y la hipermetropía ambiental:

73. El cambio climático elevaría un 56% el coste de una inundación en Bilbao. (EP 16/02/2007).
74. El sur de Europa perderá cosechas, agua dulce y energía hidráulica por las olas de calor. (EP 08/04/2007).
75. El cambio climático castigará el turismo de sol y playa en España. (EP 24/05/2007).
76. Las crisis alimentarias seguirán siendo recurrentes y se acelerarán. (EM 17/03/2023).
77. 2040 y el final de los coches con motores de combustión. (EP 19/02/2019).
78. En 2100 habrá tanto CO_2 como hace 14 millones de años. (EM 08/12/2023).

4.2.2. Actores que no actúan: el bucle de la inacción climática y su cobertura periodística

Killingsworth y Palmer (1992, 12) señalaban que los diferentes actores sociales implicados en el cambio climático, y sus correspondientes comunidades de habla, no existen en compartimentos encapsulados, sino que se relacionan entre ellos. Efectivamente, los distintos entornos funcionales de la comunicación sobre el cambio climático interactúan entre sí y se comunican construyendo relaciones de hegemonía, conflicto, tensión e interpelación mutua.

Estos circuitos de comunicación enfrentan al periodismo medioambiental a una encrucijada difícil, puesto que la realidad rompe el itinerario narrativo que sería aparentemente lógico, es decir: ciencia → decisiones políticas → actuación empresarial y ciudadana. Por el contrario, la cobertura de estos flujos comunicativos ofrece un panorama de decepción (por ejemplo, tras la cobertura de cada COP anual), y los responsables institucionales gubernamentales provocan frenos e incoherencias que obstaculizan la evolución esperable de mitigación y adaptación.

Se crea así una situación en la que el periodismo parece abocado a dar cobertura a un proceso de bucle constante (Gráfico 12) que termina por convertir el discurso sobre el cambio climático en una especie de historia interminable y reiterativa; y en ese bucle imparable, el discurso va perdiendo referencialidad y convirtiéndose en discurso vacío.

Gráfico 12. El bucle ciencia-política de la inacción climática institucional

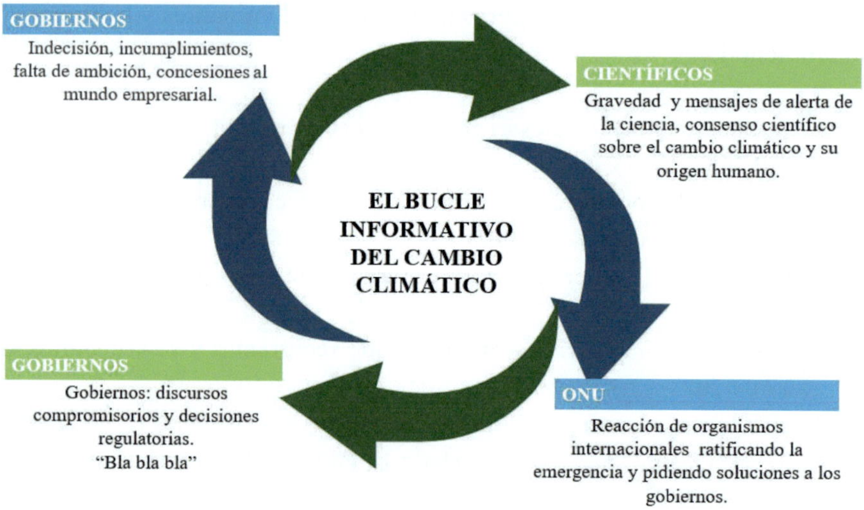

GOBIERNOS
Indecisión, incumplimientos, falta de ambición, concesiones al mundo empresarial.

CIENTÍFICOS
Gravedad y mensajes de alerta de la ciencia, consenso científico sobre el cambio climático y su origen humano.

EL BUCLE INFORMATIVO DEL CAMBIO CLIMÁTICO

GOBIERNOS
Gobiernos: discursos compromisorios y decisiones regulatorias. "Bla bla bla"

ONU
Reacción de organismos internacionales ratificando la emergencia y pidiendo soluciones a los gobiernos.

Fuente: elaboración propia

En varias intervenciones públicas de 2021, la activista Greta Thunberg se refería a este encadenamiento de los discursos políticos con la expresión «*bla bla bla*». Aunque pasan los años y tanto científicos como activistas insisten en la gravedad de la situación, la acción ecologista y las políticas climáticas parecen estancadas en un bucle permanente, como comprobamos al leer estas reflexiones de Davis de 1995:

> El decenio de 1990 plantea un gran desafío para el progreso y la protección del medio ambiente. La mayoría de los adultos se consideran ahora «ambientalistas» y expresan una gran preocupación por la calidad del medio ambiente. Aunque reconocen que las soluciones a los problemas ambientales deben estar a la vista, su preocupación no se traduce fácilmente en conductas responsables con el medio ambiente, como la conservación, el reciclaje y la incorporación de consideraciones ambientales en la compra de productos. El desafío, por lo tanto, radica en identificar métodos específicos que motiven a las personas a actuar de acuerdo con sus creencias ambientales. (Davis 1995, 285).

Hablamos, en definitiva, de un desafío de concienciación que se mantiene hace tres décadas. Teniendo presente este factor temporal, la insistencia (el bucle) en los síntomas del cambio climático podría considerarse como una transgresión de la máxima griceana de pertinencia, un recurso a la ilocutividad indirecta que trata de enmascarar la frustración por la falta de avances en el ámbito político. Volveremos sobre esta idea en las conclusiones.

Son múltiples los textos, entre ellos varios editoriales de *El País*, que se dedican a criticar la incoherencia entre la gravedad del problema y la pasividad de los responsables políticos, pero asistimos también a noticias que se independizan de esa interpretación y exponen las acciones políticas sin apelar a sus consecuencias o su relación con el cambio climático. Véanse en la Figura 6 dos capturas de pantalla de *El País* y *El Mundo* sobre un acuerdo entre el gobierno valenciano del PP y Vox para relajar la normativa previa y permitir la construcción de hoteles en el litoral aún más cerca de lo que ya se hace; la noticia de *El País* es del mismo día en que una DANA asoló la Comunitat Valenciana, el 29 de octubre de 2024; la noticia de *El Mundo* es del día siguiente.

6. Noticia en *El País* y *El Mundo* coincidente con el estallido de la DANA que arrasó zonas de la Comunitat Valenciana el 29/10/2024

Como puede apreciarse, ni los titulares ni las entradillas relacionan esta decisión política con la realidad del cambio climático y su impacto, pese a publicarse en las mismas fechas en que la conjunción de clima extremo y edificación en zonas inundables se había cobrado más de 230 víctimas mortales.

Cuando, por el contrario, los textos sí destacan la inacción y falta de ambición de las medidas políticas, la crítica apunta sobre todo a los gobiernos y organismos políticos, pero se hace extensiva también a las empresas y su gestión, como en el siguiente fragmento de un texto de Sonia Vizioso:

79. La desertización económica amenaza con llegar a As Pontes (A Coruña) en un par de años. Es el doloroso plazo que se maneja en este municipio para que Endesa ejecute la clausura —anunciada por sorpresa hace unos días— de su central térmica de carbón, la más grande de España y principal fuente de ingresos de sus 10.000 habitantes durante casi medio siglo. «El pueblo entero depende de esta chimenea», señala Cholo Bouza la imponente torre de 350 metros que los ojos de ningún viandante logran esquivar. «¿Por qué pagamos los de siempre este desastre de transición energética?». Bouza es el portavoz de los 150 transportistas que hasta ahora trasladaban el carbón a la central, los primeros en sufrir las consecuencias de este cierre abrupto para el que no se han preparado alternativas. El temido final iba a llegar dentro de 10 o 20 años —los plazos no han dejado de bailar— pero ha sido adelantado por la eléctrica, controlada por la italiana Enel, alegando que el alto precio actual de los derechos de emisión de CO_2 la hacen inviable. «No hay tiempo para un plan de transición», lamenta el alcalde, el socialista Valentín González Formoso. La plataforma ecologista *Galiza, un Futuro sen Carbón* culpa del desastre al «negacionismo» de «Endesa, instituciones, partidos políticos y sindicatos», que «hasta ayer mismo, a pesar de las alertas climáticas, hicieron todo lo posible para mantener indefinidamente la actividad y no quisieron ni supieron prepararse para el escenario actual». («As Pontes se niega a pagar el pato del 'desastre energético'», EP 14/10/2019).

4.3. Ilocutividad: qué pretenden conseguir los mensajes sobre el cambio climático y la transición ecológica

La *estrategia intencional* del encuadre corresponde a la selección de los actos de habla ilocutivos que se ajustan a la intención comunicativa del emisor, y construye lo que Schiffrin (1993, 233) denomina «marco interactivo», es decir, la acción que cada emisor cree estar haciendo cuando habla.

4.3.1. La intención que guía la comunicación climática

Como vimos en la Introducción, en el ámbito gubernamental/institucional las intenciones básicas de los mensajes sobre el cambio climático corresponden a dos modalidades muy claras de comunicación: la *comunicación de riesgo* asume sobre todo a una *ilocutividad referencial*, informativa, mientras la *comunicación de crisis* tiene fundamentalmente una *ilocutividad directiva*, orientada a la acción. Estas dos modalidades básicas pueden darse también en la cobertura mediática del fenómeno, que suele enmarcarse en dos concepciones básicas que ya mencionamos a propósito de la comunicación climática general, la primera de predominio representativo (el periodismo medioambiental se concibe como comunicación científica) y la segunda de predominio expresivo o directivo (comunicación motivacional).

Diversos autores han señalado que si trasladar el consenso científico a la ciudadanía fuera suficiente, deberíamos tener ya una población plenamente concienciada, lo cual no es el caso (Bayes, Bolsen y Druckman 2023). Pero lo mismo cabría decir de los enfoques de encuadre motivacional. Sobre todo porque predomina una emocionalidad negativa, catastrofista, que algunos autores llaman «colapsismo» —término que alude al libro de Joseph Tainter *El colapso de las sociedades complejas*, de 1988—, y que más que motivar a la ciudadanía la paraliza y la abruma con fenómenos de «ecoansiedad». Thompson y Schweizer (2008) señalan que el mensaje solo es adecuado si permite al destinatario actuar:

> Los llamamientos alarmistas y el mercadeo del miedo no son estrategias de comunicación eficaces porque no proporcionan una dirección sobre cómo actuar o responder. Todo lo que sabemos sobre la comunicación de riesgos se basa en el principio de que los mensajes deben empoderar a la audiencia para que adopte el comportamiento necesario. (2008, 22).

Herndl y Brown (1996, 11) trasladan el triángulo clásico aristotélico (*ethos-pathos-logos*) al discurso medioambiental. Si Killingsworth y Palmer (1992) utilizaban las distintas concepciones del mundo natural para caracterizar tres tipos de discurso (científico, regulatorio y poético), Herndel y Brown, partiendo de la retórica de Burke, relacionan a su vez estos tres tipos de discurso con las tres dimensiones aristotélicas:

1. *logos*: discurso científico o antropocéntrico: la naturaleza como objeto.
2. *ethos*: discurso regulatorio o etnocéntrico: la naturaleza como recurso.
3. *pathos*: discurso integrador (ecologista) o ecocéntrico: la naturaleza como espíritu o, como señala un texto del corpus, «la Tierra entendida como casa común» (EP 02/06/2007).

La tríada aristotélica admite una lectura en términos pragmáticos (Gallardo Paúls 2022, 2024b) que atiende a los predominios intencionales desplegados por cada acto de habla. Por eso es posible completar la visión de Herndel y Brown con las correspondencias del Gráfico 13.

Gráfico 13. En verde, la propuesta de Herndel y Brown que establece correspondencias entre los tipos discursivos de Killingsworth y Palmer y las dimensiones aristotélicas. En gris, nuestra asociación con predominios ilocutivos

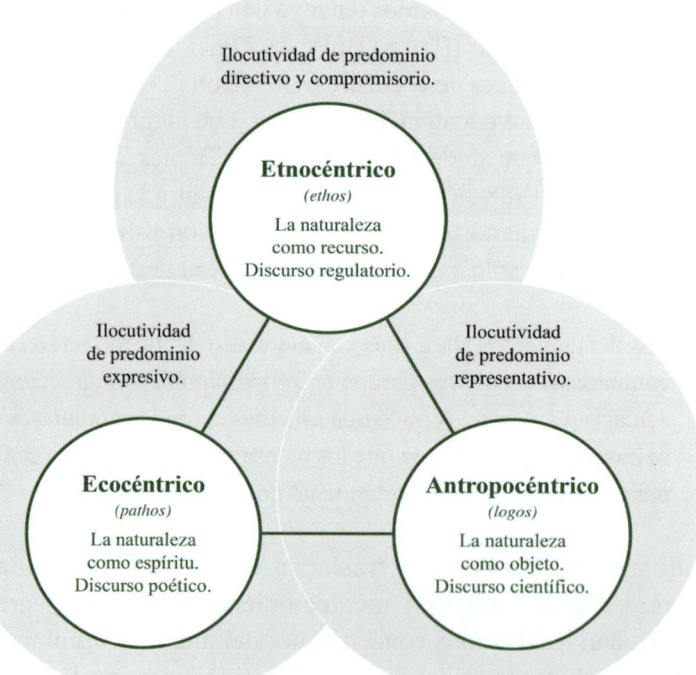

Fuente: elaboración propia a partir de Herndl y Brown (1996, 11)

4.3.2. La estrategia intencional en los datos del corpus

El acto de habla ilocutivo es el que responde a la estrategia intencional del encuadre, es decir, al objetivo básico que persigue cada emisor; y su efecto en los receptores corresponde, como establecen las teorías clásicas de Austin y Searle, al acto perlocutivo. Tanto en la ilocutividad como en la perlocutividad, los actos de habla se disponen en términos de simultaneidad y predominio, de forma que para cada texto es posible proponer más de una intención (y más de un efecto). La Tabla 10 resume las posibilidades de actos de habla ilocutivos y perlocutivos que admite la comunicación sobre el cambio climático.

Tabla 10. Los actos de habla predominantes en la comunicación sobre el cambio climático

EMISORES	ILOCUTIVIDAD	PERLOCUTIVIDAD
Medios: Información, Opinión	Representativa: informar	COGNITIVA: • Conocer el problema • Tomar conciencia de su gravedad • Entender su alcance político
Gobiernos e instituciones políticas	Directiva: motivar a la acción	
Científicos y Tercer sector	Expresiva: culpabilizar, culpar, manipular, emocionar, conmover	CONDUCTUAL: • Adoptar hábitos de sostenibilidad • Votar a partidos con compromiso ecológico
Panfletos y líderes desinformadores	Compromisoria: prometer medidas	
	Declarativa: firmar acuerdos, aprobar leyes	

Fuente: elaboración propia.

A. Ilocutividades básicas según el emisor

Los emisores de la comunicación climática que vimos en el Gráfico 8 responden a distintas intenciones. Por definición, en los textos de prensa predomina una intencionalidad representativa, que, en palabras de Searle (1976, 10), «compromete al hablante con la veracidad de la proposición expresada»; esta es la naturaleza canónica de los textos informativos (noticias, reportajes, crónicas). No obstante, los textos de opinión (tribunas, editoriales, columnas) permiten, sin perder la pretensión veritativa, la aparición de otro tipo de actos ilocutivos, fundamentalmente de naturaleza expresiva y directiva, que en ocasiones pueden incluso realizar actos compromisorios (en *El País* leemos, por ejemplo, tribunas de las ministras Narbona o Ribera, y del presidente Rodríguez Zapatero que anuncian acciones políticas de futuro).

Por su parte, los gobiernos y las instituciones tienen un discurso que puede ser representativo (en la comunicación de riesgo), directivo (recomendaciones de acción, comunicación de crisis), compromisorio (promesas de actuación) o declarativo (firma de leyes, directivas, tratados). En tercer lugar, en la comunicación de los científicos, divulgadores y el tercer sector es esperable el predominio representativo, pero también pueden darse textos expresivos-emocionales, y directivos, orientados a la acción. Por último, los panfletos digitales y los líderes que difunden falsedades sobre el cambio climático y cuestionan el consenso científico recurren básicamente a una ilocutividad expresiva, aunque también puede ser compromisoria (pensemos, por ejemplo, en las promesas típicas de la derecha radical de desvincularse de los Acuerdos de París y la Agenda 2030 si alcanzan el poder, como efectivamente hizo Donald Trump), o representativa. Añadimos en la Tabla 10 una columna referida a la perlocutividad porque esta dimensión del acto de habla resulta esencial en el momento en que el discurso público configura la opinión pública y esta, a su vez, condiciona la acción política.

Nuestros datos de prensa ilustran estas posibilidades, y algunas veces introducen el discurso político, científico o activista mediante el discurso referido (directo o indirecto). En general, las noticias sobre el cambio climático o la transición ecológica refieren hechos relevantes de predominio informativo e ilocutividad representativa; pero en algunos casos, como ocurre en los siguientes titulares, predomina una ilocutividad expresiva que alienta la visión negativa de la transición ecológica o de las medidas que intentan contrarrestarla. Moser y Dilling (2004, 37) señalaban ya en 2004 los intentos de impregnar el cambio climático de una emocionalidad negativa como posible estrategia para que ganara relevancia en la esfera pública:

80. Preparados para los **sacrificios** ecológicos (EP 06/11/2007).
81. Señal de **alarma alemana sobre los costes** de la transición energética (EM 24/03/2023).
82. Zonas de bajas emisiones: más **quebraderos de cabeza** para el usuario (EM 24/03/2023).
83. **Acoso** a los coches sucios y al abuso del aire acondicionado (EP 20/07/2007).
84. Los **desastres** son ya inevitables (EP 23/10/2007).
85. La ONU avisa: «El punto sin retorno del cambio climático **se echa encima**» (EM 02/12/2019).

Contrariamente, las noticias positivas reciben un eco mediático contenido; por ejemplo, la evolución positiva de la capa de ozono que refleja informe del Grupo de Evaluación Científica del Protocolo de Montreal de 2023 apenas aparece en nuestros datos de ese año (Ej. 89). Puede decirse que son casi excepcionales los textos que trasladan algún tipo de expresividad positiva:

86. 13.300 familias **logran** ahorrar 48 millones de litros de agua al cambiar sus hábitos (EP 03/07/2007).
87. La Comunidad **recicla** 30 veces más que hace siete años (EP 28/10/2007).
88. Final **optimista** del encuentro del cambio climático (EP 29/10/2007).
89. La capa de ozono va camino de recuperarse **gracias** a la prohibición de sustancias químicas, que ayuda a mitigar el calentamiento global (EP 09/01/2023).
90. Las emisiones **caen a mínimos** en España por el uso de renovables (EP 22/12/2023).
91. El auge de las renovables **impulsa** el empleo y **eleva** los sueldos del sector (EP 12/06/2023).
92. Madrid Central **reduce** la contaminación un 20% en el primer año (EP 29711/2019).

La intencionalidad expresiva nos conduce a la polaridad de los textos, para cuyo análisis recurrimos[44] al *software* de «análisis del sentimiento»

---

[44] FACTIVA ofrece una posibilidad de búsqueda que analiza la polaridad de los textos, pero no puede decirse que esta opción de la base de datos sea mínimamente funcional. Al seleccionar la opción «Análisis del sentimiento» en la búsqueda experta para las menciones de «crisis | emergencia | cambio climátic*» y «transición verde | energética | ecológica», en *El País* y *El Mundo*, y sin restricción de fecha (es decir, desde 1994), la base de datos detecta como «Noticias Negativas (Español)» solamente 48 piezas periodísticas. Como muestran los siguientes ejemplos, el criterio es solo léxico y muy poco refinado: «Rodiezmo contra Kioto» (EP 30/10/2009), «La fiscalía denunciará el proyecto Castor por prevaricación ambiental» (EP 14/05/2014), «El Supremo reclama la declaración ambiental de Castor» (EP 30/09/2015), «Una revolución eléctrica que no llega» (EP 30/10/2015), «La apuesta por el diésel, una herencia de la lucha contra el cambio climático» (EP 12/10/2015), «Sánchez multará con 30 millones a 1.200 gasolineras si no se reconvierten en 'electrolineras' en 27 meses» (EM 15/11/2018), «Suspendidas las obras de la C-32 por falta de garantías ambientales» (EP 11/07/2019), «La batalla legal contra el 'engaño' de las petroleras llega a juicio en EE UU» (EP 26/10/2019), «No al Heathrow de Ferrovial» (EM 28/02/2020), «Un tribunal frena la ampliación del aeropuerto de Heathrow por el cambio climático» (EP 28/02/2020), «Adif se enfrenta a una grave sanción por tirar dos vagones al río Sil» (06/08/2020), «El caso de España y otros 1.550 litigios en *El Mundo*» (EP 04/02/2021), «1.550 litigios climáticos abiertos en el mundo» (EP 28/05/2021), «La justicia complica la ampliación norte del puerto de Valencia» (EP 10/12/2022), «Los sindicatos van a la 'guerra' de la eólica en Galicia» (EM 17/07/2023).

Lingmotif (Moreno-Ortiz 2017). El análisis de los dos subcorpus por separado (Gráfico 14) no muestra diferencias en la cobertura de los dos diarios, ni en la polaridad (ligeramente negativa en ambos) ni en la intensidad valorativa de los textos.

Gráfico 14. Intensidad expresiva y polaridad en los dos periódicos, *El País* (izda.) y *El Mundo* (dcha.)

Fuente: análisis realizado mediante el software Lingmotif.

Algunos titulares ejemplifican esta fuerza ilocucional de expresividad negativa, que no solo se refiere al cambio climático en sí mismo, sino que a veces también convierten las medidas de mitigación/adaptación en una amenaza indefinida, en desazón:

93. Frenar las emisiones de efecto invernadero **rebajará un 0,1% el PIB mundial** al año (EP 2007).
94. El cambio climático **eleva los pagos** del seguro agrario (EP 2019).
95. Zonas de bajas emisiones: más **quebraderos de cabeza** para el usuario (EM 2023).
96. El cambio climático **amenaza** con subir el precio del agua (EM 2023).
97. Los «**parias** del clima» tienen **ganas de venganza** (EM 2023).

Este resultado de los textos de prensa se aleja de los análisis que se centran en el discurso activista; por ejemplo, Fagbola *et al.* (2022) analizan mensajes de Twitter en torno a la protesta juvenil global (corpus confeccionado a partir de las etiquetas #ThisIsZeroHour, #ClimateJustice y #WeDontHaveTime), y encuentran un predominio de la polaridad positiva (optimismo, confianza en los logros del movimiento), a pesar de que muchos tuiteros expresaban miedo y tristeza frente al cambio climático.

B. Los textos metainformativos

Resulta interesante que ambos diarios publiquen textos manifestando explícitamente su preocupación y su responsabilidad ante el tema del cambio climático. Por ejemplo, el diario *El Mundo* anunciaba la aparición del suplemento *Natura* en marzo de 2006 con estas palabras:

98. Hoy sábado, los lectores encontrarán junto con su ejemplar del periódico el primer número del suplemento *Natura*. Se trata de una nueva apuesta editorial de *El mundo*, que amplía así sus contenidos informativos en un área como la del medio ambiente, de creciente interés para la opinión pública. A partir de ahora, una vez cada mes, *Natura* ofrecerá un repaso de la actualidad medioambiental. Los reportajes en profundidad, el análisis de los hechos, la opinión de los expertos y el empleo de los mejores recursos gráficos servirán para acercar al lector hacia una realidad compleja y que, cada día, va ocupando parcelas de mayor importancia en la agenda política y económica. Junto con la información diaria que ofrece la sección de Ciencia, *El mundo* trata así de satisfacer la demanda por mantenerse informado de todo lo que tiene que ver con el estado del planeta y sus recursos. (EM 11/03/2006).

Esta manera de explicitar la atención específica al tema y justificarla —como es habitual— por la demanda de la audiencia insiste, por supuesto, en la naturaleza informativa de los textos, es decir, en su ilocutividad representativa. En un texto de 2007 se informa de cómo puede actuar la ciudadanía ante los riesgos derivados del cambio climático, lo que da entrada al discurso más persuasivo y a una intencionalidad informativa/directiva:

99. El suplemento de medio ambiente *Natura*, que publica *El mundo* el segundo sábado de cada mes, dedica mañana su portada y sus páginas principales a explicar cómo podemos actuar para frenar el calentamiento global sin cambiar nuestra forma de vida, sin renunciar a ningún lujo y, además, ahorrando algo de dinero. Utilizar bombillas de bajo consumo, comprar electrodomésticos eficientes u optar por ventanas aislantes si pensamos renovar la casa son medidas que ayudan en gran medida a reducir las emisiones de gases de efecto invernadero y que no alteran en absoluto nuestro ritmo de vida. Además, algunos gestos sencillos como apagar el *stand by* del televisor cuando no se use o usar la bicicleta en lugar del coche para recorrer distancias cortas pueden resultar beneficiosas para nuestra salud y para la de nuestras ciudades. Pero el impacto positivo de estas pequeñas acciones no las nota solo el planeta, sino que nuestros bolsillos también pueden ahorrarse unos euros al cabo del año. (EM 09/03/2007).

El suplemento duró solo hasta 2009, y en el último número se explicaba así la suspensión, de nuevo subrayando la oferta de «temas científicos»:

100. Ya decía Ramón y Cajal que lo que necesitaba este país era «sembrar mentes y plantar árboles». Ahora, este suplemento, que durante cuatro años ha seguido ese ideal, cierra y se recicla. A partir de 2010 los lectores encontrarán los contenidos de *Natura* ampliados en un nuevo contexto, ya que *El mundo* reforzará su oferta de temas científicos con nuevos formatos y otra periodicidad. Ha sido un placer. Seguiremos informando. (EM 08/12/2009).

Por su parte, *El País* utiliza sobre todo los editoriales para ratificar su compromiso con este aspecto del discurso informativo, pero apuesta también por la creación de un suplemento específico, *Tierra*, entregable el tercer sábado de cada mes, que se presentaba así en un texto titulado «El medio ambiente cercano al lector»:

101. Los ciudadanos demuestran estar cada día más sensibilizados sobre los problemas del medio ambiente. *El País* responde a su creciente demanda de información con una iniciativa editorial específica. Tierra es la cabecera del nuevo suplemento mensual que se entregará con *El País* el tercer sábado de cada mes a partir del próximo, 21 de abril. El nacimiento de esta publicación coincidirá con la víspera del día internacional de la Tierra, con el que desde 1970 se trata de movilizar a la ciudadanía en la defensa de la biodiversidad. Tras años de controversia, la amenaza del cambio climático ha quedado acreditada por la comunidad científica. Y España es ya uno de los países más afectados. El mensaje ha calado y los ciudadanos son conscientes cada vez más de que este fenómeno incumbe a todos. Tierra se fija como objetivo hacer comprensibles para el lector los grandes retos globales del siglo XXI. (EP 15/04/2007).

Tierra se publicó en papel hasta 2012. Al anunciar su creación se apelaba, como puede verse, a la «sensibilización» de la ciudadanía. Tras la pandemia COVID-19 el periódico creó la sección digital de Clima y Medio Ambiente, que se completaba con un boletín y perfiles propios en redes sociales:

102. *El País* lanza una sección digital de Clima y Medio Ambiente. El periódico renueva su compromiso con estas temáticas Para evitar que la pandemia haga olvidar otras emergencias. (…) Esta sección se ocupará de la

biodiversidad, de la calidad del aire en las ciudades, de la gestión del agua, de la contaminación por plásticos… Pero, como se incide ya desde el propio nombre, se quiere dar una importancia especial a la crisis climática, un asunto que desborda las implicaciones ambientales para entrar en la economía, la justicia social, la salud, la alimentación, las relaciones internacionales o casi cualquier ámbito de la sociedad. En los próximos años se deben tomar decisiones cruciales relacionadas con la protección del clima de enorme trascendencia para nuestras vidas y las de las futuras generaciones. Como periodistas, nuestro compromiso es no solo informar de la manera más completa y rigurosa posible, sino también explicar estas cuestiones a veces complejas e indagar cuando las respuestas no sean claras. (EP 25/10/2020).

Estos textos autojustificativos sobre la cobertura de una temática concreta nos parecen especialmente significativos porque explicitan el compromiso de cada medio con la creación de opinión pública y van más allá de la pretensión informativa. Con estas manifestaciones los periódicos construyen su propia voz como actores sociopolíticos, y se alinean con el papel activo que les atribuye la democracia deliberativa, es decir, un rol teóricamente vinculado a rasgos como la racionalidad, la imparcialidad, la honestidad intelectual y la equidad (Strömbäck 2005, 341).

5. Dimensión textual

5.1. Los ámbitos temáticos en torno al cambio climático

5.1.1. Encuadres del periodismo ambiental

Los medios de comunicación ajustan la pluralidad de voces que reflejaba el Gráfico 8 a los marcos cognitivos propios de los profesionales (Tuchman 1978; Entman 1993; Entman, Mathes y Pellicano 2009), especialmente por lo que se refiere a la discrepancia entre acción política y saber científico. Las investigaciones sobre los tipos de encuadre preferidos por la prensa de los últimos años señalan el predominio del encuadre del conflicto y la discrepancia (Semetko y Valkenburg 2000; Wasike 2013), lo que afecta tanto a la consideración científica como política del tema; de ahí que su cobertura sobre la gestión política del cambio climático y la transición ecológica traslade, básicamente, incumplimientos, desacuerdos y falta de voluntad, mientras la cobertura del consenso científico se recrea en dar voz a los negacionistas con la coartada de la pluralidad informativa (Boykoff y Boykoff 2004; Boykoff 2009; Mercado 2012; Díaz-Nosty 2009, 2013; Blanco, Quesada y Teruel 2013).

En un trabajo ya clásico, Semetko y Valkenburg (2000) propusieron una clasificación de cinco tipos de encuadre periodístico; según estas autoras, los textos de prensa se ajustan a los marcos básicos del conflicto, el interés humano, la atribución de responsabilidades, la moralidad y las consecuencias económicas. Dirikx y Gelders (2010) revisan la validez de esta tipología para el periodismo medioambiental. Puesto que el *marco de atri-*

https://dx.doi.org/10.5209/ling.006.05

bución de responsabilidades atribuye responsabilidad o culpa a autoridades políticas, individuos o grupos, señalan que su utilización en la cobertura del debate sobre el cambio climático resulta esperable; así lo comprobamos en nuestros datos, por ejemplo al hablar de empresas contaminantes o que incumplen las normativas. Por su parte, el *marco del conflicto* se centra fundamentalmente a las discrepancias sobre el origen antropogénico; Dirikx y Gelders subrayan que desde los trabajos iniciales de Boykoff señalando el sesgo de la prensa basado en la «información plural y equilibrada», la cobertura mediática ha ido alejándose de tal sesgo, que además la bibliografía comprueba más en la prensa estadounidense que en la inglesa, francesa o alemana. Nuestros datos ofrecen varios textos, sobre todo en *El Mundo*, en los que el conflicto se traslada a la dimensión política del discurso periodístico, y se plasma entre los miembros del gobierno (por ejemplo, el ministerio de Economía rechaza las propuestas del ministerio para la Transición Ecológica) o entre gobierno central y agrupaciones empresariales; este conflicto se combina con la atribución de culpas. Para Dirikx y Gelders es más relevante el marco *de las consecuencias económicas* que el del conflicto, y encuentran, respecto a tales consecuencias, «que los discursos alarmistas y fatalistas son más dominantes que los discursos que enfatizan la acción y el empoderamiento» (2010, 734). De ahí que los *encuadres de interés humano* tiendan a las consideraciones dramáticas, focalizando los aspectos conflictivos y las posibles consecuencias alarmantes del cambio climático, aunque con planteamientos más colectivos (impactos del cambio climático en una ciudad, un país) que individualizados: «las historias que se adentran en la vida privada o personal de los actores (como en el marco de interés humano) parecen ser escasas en la cobertura del cambio climático» (2010, 735). Por último, respecto *al marco de la moralidad*, señalan que no es particularmente adecuado a la cobertura periodística, si bien puede introducirse mediante voces ajenas, como de hecho encontramos puntualmente en nuestros datos, ya sea en entrevistas o en textos de opinión.

Engesser & Brüggeman (2016, 828) parten de la distinción teórica entre marcos genéricos y específicos (De Vreese 2002) y de los tipos ya mencionados propuestos por Semetko y Valkenburg (2000). Inicialmente, proponen como marcos específicos de la cobertura del cambio climático tres:

> Un marco de riesgo/desastre (*risk/disaster frame*), que tiene denominaciones como «la caja de Pandora», «el monstruo de Frankenstein» o «la ciencia desbocada».

Un marco de incertidumbre, que presenta la ciencia como productora de resultados de investigación contradictorios, explicaciones débiles o pronósticos dudosos.

Un marco de progreso que describe los avances en ciencia y tecnología como beneficiosos para la humanidad.

Aunque los datos del corpus tienen algunas alusiones al progreso, no encontramos en ellos ninguna vinculación clara entre progreso y cambio climático sino que el foco se coloca en la innovación tecnológica. En ambos periódicos se presta atención a la incertidumbre (74 ocurrencias) y, sobre todo al riesgo (433 menciones). El Gráfico 26 del Apéndice presenta la distribución léxico-sintáctica de ambos términos. El riesgo puede ser, sobre todo, de naturaleza física (tienen tipicidad superior a 10 los riesgos de «incendio», «inundación», «accidente», y «extinción»; con tipicidad de 9 se mencionan otros como «erosión» o «desertificación») pero también humana (de «muerte», «hambruna» o «pobreza»). La incertidumbre es «grande» y «enorme»; entre sus modificadores destacamos tres: «estructural», «política o geopolítica», y «científica».

Para analizar la consistencia de estos marcos, y reivindicando la propuesta clásica de Entman (1993) sobre los elementos de un marco periodístico (definición del problema, interpretación causal, evaluación moral y recomendación de tratamiento), Engesser & Brüggeman (2016) intentan identificar marcos específicos en el periodismo medioambiental mediante una encuesta a 64 profesionales de Alemania, India, Suiza, Reino Unido y Estados Unidos (la consulta fue enviada a 170, pero completaron el cuestionario 64). Propusieron a estos periodistas tres conjuntos de ítems con problemas, causas y soluciones del cambio climático, solicitándoles una valoración mediante escala de Likert, entre 1 (= nada importante) y 5 (= muy importante). Además, les pedían que valorasen cinco afirmaciones del IPCC en un rango de 1 (= científicamente insostenible) a 5 (= científicamente bien fundamentada):

1.   El calentamiento global existe.
2.   Las reducciones de emisiones son necesarias.
3.   El cambio climático durante el último siglo ha sido causado principalmente por los humanos.
4.   El cambio climático provoca problemas importantes.

Por último, pedían a los periodistas su opinión sobre tres objetivos del periodismo ambiental:

1.   Aumentar el conocimiento sobre el cambio climático.
2.   Aumentar la conciencia ecológica.
3.   Enfatizar la necesidad de reformas ecológicas en la política y la economía.

El resultado de esta encuesta a los 64 profesionales que la completaron indicaba que, efectivamente, el periodista ambiental prototípico se considera periodista científico (Engesser & Brüggeman 2016, 831), y que su concepción del tema se ve influida por factores como su nivel de especialización, sus metas profesionales o su ideología. El trabajo encontraba cinco encuadres cognitivos predominantes en estos profesionales, aunque no analizaba hasta qué punto tales disposiciones mentales se plasmaban luego en los textos:

1.   Políticas económicas de los países industrializados: este encuadre enfatiza la responsabilidad del mundo industrializado de reducir las emisiones de CO_2 a pesar del fuerte cabildeo en contra de la política climática.

2.   Sostenibilidad: apunta a una reforma del sistema económico y un cambio en el comportamiento del consumidor. Aunque Engesser & Brüggeman (2016, 837) dicen que este marco no aparece en la cobertura del CC, lo cierto es que nuestros datos sí lo presentan.

3.   Optimismo tecnológico: se apoya en la tecnología para resolver el problema.

4.   Responsabilidad de las economías emergentes: este encuadre se centra en las economías emergentes como importantes contribuyentes al cambio climático. Engesser & Brüggeman (2016, 838) señalan «un juego de culpas» entre los países industrializados y los emergentes que llevaría a que los periodistas occidentales no cuestionen la cultura consumista de sus países pero, de nuevo, nuestros datos contradicen esta idea y encontramos textos, tanto en modalidad informativa como de opinión, que señalan esta necesidad.

5.   Discurso ecológico global: considera que la comunicación es una forma importante de crear conciencia sobre las consecuencias ecológicas del cambio climático.

5.1.2. Temas del cambio climático

La *estrategia informativa* del encuadre se encarga de la distribución de los temas del texto y su jerarquización como principales o secundarios (Gallardo Paúls 2021). La distribución general de los temas en el corpus nos devuelve la dispersión y la atomización de los factores ambientales que deben preocupar al ciudadano, un problema que la bibliografía viene señalando desde hace más de 15 años (Díaz Nosty 2006; Vassopoulos 2012; Holt y Barkemeyer 2012). Esa atomización de los problemas, que se acumulan desordenadamente y sin jerarquías internas, enfrenta a la ciudadanía a la confusión. Llama la atención que, frente a otros ámbitos del discurso público donde se prioriza la narración frente a la argumentación (sobre todo en el discurso político), el discurso sobre el cambio climático no ofrece a la ciudadanía un relato compacto —más allá de la catástrofe inminente—, sino varios microrrelatos simultáneos y desconectados cuya totalidad resulta inabarcable, inaprensible.

Mercado-Sáez y Monedero-González (2022, 51) señalan que, tras su consolidación en España en los años 90, el periodismo ambiental se entendía «como la especialidad informativa con peculiaridades propias que se ocupa de la actualidad relacionada con la naturaleza y el medio ambiente, en especial con su degradación», e identifican como temas fundamentales los desastres ecológicos, las disfunciones en la cobertura de las crisis, el cambio climático y las cumbres mundiales del clima. Rahman (2013) identificaba como temas esenciales[45] del discurso ambiental los siguientes:

- El calentamiento global.
- Agujero de la capa de ozono.
- Reducción de las capas de hielo.
- Aumento del nivel del mar.
- Acidificación de los océanos.
- Calentamiento de los océanos.

---

[45] Sin duda, esta propuesta de temas evoca parcialmente la propuesta de los nueve límites planetarios clave que fueron identificados en el trabajo clásico de Johan Rockström, director entonces de *Stockholm Resilience Centre*, y otros 27 científicos, en 2009. La propuesta incluía, en primer lugar, tres procesos sistémicos de escala planetaria: 1) el cambio climático; 2) la acidificación de los océanos; 3) la reducción de la capa de ozono estratosférico. Y, en segundo lugar, otros seis procesos agregados, de escala local o regional: 4) la disrupción de los ciclos biogeoquímicos de nitrógeno y fósforo; 5) la carga de aerosoles en la atmósfera; 6) el uso del agua dulce; 7) los cambios en el uso del suelo; 8) la pérdida de biodiversidad (integridad de la biosfera); y 9) las nuevas contaminaciones químicas (plásticos, pesticidas, metales pesados). (Rockström *et al.* 2009).

Estos temas son los propios del discurso científico, que se mantienen desde la identificación inicial de los procesos de cambio climático. Por ejemplo, en el reciente *Informe sobre el estado global del clima de 2024*, elaborado por la Organización Meteorológica Mundial, se recogen como indicadores 1) los niveles atmosféricos de dióxido de carbono, 2) la temperatura media global cerca de la superficie, 3) el nivel de calentamiento de los océanos, 4) la subida del nivel del mar, 5) la acidificación de la superficie oceánica, 6) la reducción de la masa glaciar y 7) la extensión del hielo marino (OMM 2025). La cuestión es si estos temas, propios del discurso experto de las ciencias ambientales, han de trasladarse directamente a la información periodística como objeto de interés ciudadano.

En su análisis de la cobertura mediática del cambio climático de diez países entre 2006 y 2018, Hase, Mahl, Schäfer y Keller (2021) clasifican así los temas de su corpus, formado por 71.674 piezas periodísticas:

- Dimensión ecológica del cambio climático
  – Cambio climático e impactos en el ecosistema (7,17% de su corpus).
- Dimensión científica
  – Ciencia climática (6,13%).
- Dimensión social
  – Causas y soluciones al cambio climático (13,83%).
  – Política climática (11,49%).
  – Concienciación y educación (9,81%).
  – Impacto en los humanos (6,39%).
  – Impacto económico (2,11%).

Lopera y Moreno (2014) analizan 363 piezas periodísticas publicadas entre 2000 y 2010 en *El País*, *El Mundo*, *ABC*, *Expansión y Levante-EMV*, y concluyen que la prensa española focaliza más las consecuencias del cambio climático que la de Estados Unidos, algo que explican fundamentalmente por la especial vulnerabilidad del territorio español. Uno de sus hallazgos más interesantes es que solo el 6% de los textos de prensa española propone la confluencia de causas antropogénicas y naturales para el cambio climático, frente a un 30% identificado en los estudios sobre prensa estadounidense.

Por su parte, los investigadores del Observatorio de la Comunicación del Cambio Climático de la Universidad Complutense y ECODES, aceptan en sus sucesivos informes (Teso Alonso *et al.* 2019, 2020 y 2022; Teso y Gaitán 2021) la distinción entre piezas periodísticas orientadas a la mitigación, a la adaptación o a los temas periféricos. Con esta distinción identifican los siguientes subtemas en los datos de prensa (Teso 2023, 56):

- Medidas de mitigación más mencionadas:
    1. Integrar medidas de mitigación en legislaciones sectoriales.
    2. Conservación del medio natural.
- Medidas de adaptación más mencionadas:
    1. Integrar medidas de adaptación en legislaciones sectoriales.
    2. Garantizar la conservación del medio natural.
    3. Planificar el urbanismo y la edificación.
    4. Financiación de las medidas de adaptación.
    5. Educar en valores.

Nuestro corpus nos proporciona información sobre las distintas medidas de mitigación o adaptación en las que se concretan estas tendencias generales; por citar solo algunas, el Protocolo de Kioto aprobado por la Convención Marco de la ONU, la Cumbre del Clima en Bali (COP13), el Plan Azul del Programa de Naciones Unidas para el Medio Ambiente (PNUMA), la Directiva Marco del Agua (DMA) de la UE (2000), el *Energy Package* de la Comisión Europea, la Directiva Europea de Eficiencia Energética en Edificios (EPBD), de 2002, o la Directiva Europea de Comercio de Derechos de Emisión, de 2003. El siguiente fragmento se refiere a la aplicación de medidas de adaptación:

103. El verano pasado, la ministra de Educación, Pilar Alegría, anunció un gran plan de «adaptación climatológica» en los colegios. Prometió 200 millones de euros a las autonomías para aislar edificios y dotarlos de aire acondicionado, entre otras cosas. Fue una iniciativa que el Gobierno de la Comunidad de Madrid le había pedido en 2020 a su predecesora, Isabel Celaá, que la rechazó. Al final, este plan se ha incluido dentro del PIREP, que gestiona el Ministerio de Transportes, porque «este tipo de ayudas procedentes de fondos europeos no permiten abrir dos líneas distintas para un mismo objetivo», señalan fuentes del Ministerio de Educación. Un documento interno del PIREP al que ha tenido acceso *El mundo* muestra que, a fecha del pasado abril, solo habían pedido financiación para rehabilitar colegios nueve de las 17 autonomías. Galicia es la que está rehabilitando más escuelas (un total de 20) y Madrid es la que ha recibido más dinero (24 millones para renovar siete centros). (EM 11/10/2023).

Un problema importante en el tratamiento de los temas es la ya mencionada *hipermetropía ambiental*, identificada por Uzzell desde planteamientos de psicología social. Uzzell (2000) se plantea la recepción que los ciudadanos hacen de los mensajes sobre cambio climático, adoptando el eje local/global. A partir de diversas encuestas en diversos países confirmó que las personas tienden a creer que los problemas ambientales son más serios en el nivel global que en el ámbito local/personal.

Resulta interesante comprobar que la dimensión espacial de este desajuste no es exclusiva de la percepción europea o norteamericana. Por ejemplo, Grill (2015) analiza en un interesante trabajo la percepción del cambio climático de los habitantes de Churchill (Manitoba), una pequeña ciudad canadiense en la frontera ártica (con aproximadamente 800 habitantes) cuyo ritmo social y económico está marcado por la temporada turística para observar a los osos polares. Grill comprueba que mientras se mantiene la temporada turística, el cambio climático es un tema presente y un motivo general de preocupación en la conversación pública de la ciudad, pero que esto cambia cuando llega el cambio de vida propio de la temporada invernal («tan pronto como los turistas y los osos se fueron, el problema del cambio climático también pareció desaparecer», 2015, 102). Señala que los habitantes de Churchill experimentan los efectos del cambio climático en su cotidianeidad (presencia y comportamiento de los animales, cambios en las rutas de viaje por modificación en la solidez del hielo y la textura de la nieve, hundimiento de estructuras por deshielo del permafrost…), pero sin vincularlos necesariamente con el discurso científico que alerta de los cambios en las zonas circumpolares y sin percibirlos como amenazantes. Curiosamente, sus informantes atribuyen a «la gente del sur»[46] la idea del origen antropogénico del cambio climático, que prefieren identificar con los cambios habituales de la naturaleza. Es decir, que los habitantes de

---

[46] «Difícil de precisar y con diferentes significados, "en el sur" simboliza una imagen contraria al supuesto idilio del norte. Además de la diferente geografía y realidad del entorno físico, se asocia al sur con una serie de ideas y visiones del mundo. Desde un supuesto desprecio por los estilos de vida del norte, menor espíritu comunitario y preocupación por problemas que apenas son relevantes en el norte, hasta imágenes románticas de la naturaleza que conducen al activismo contra la caza o la captura con trampas, y a posiciones a favor de los derechos de los animales o a una actitud ambientalista general; existe todo un abanico de asociaciones. Un discurso importante es el que aborda la frecuente incompatibilidad entre los estilos de vida "norteño" y "sureño" que surge de experiencias profundamente diferentes en estos dos ámbitos. Esas imágenes cobran vigencia cuando la gente se ríe de los visitantes que no visten adecuadamente y de las historias sobre comportamientos inapropiados debido a que no creen a los lugareños. Muchos churchillianos tienden a menospreciar a los "del sur", distanciándose de los sureños, cuyas ideas y visiones del mundo supuestamente son significativamente diferentes». (Grill 2015, 109).

la llamada «capital de los osos polares» experimentan también cierto tipo de hipermetropía ambiental, y además la convierten en un rasgo identitario, frente a la otredad de la gente del sur. La autora concluye que el discurso sobre el cambio climático provoca una reacción más negativa que sus propios efectos físicos (que pueden considerarse incluso positivos, por ejemplo el deshielo polar puede generar expectativas económicas mineras o navieras).

Pero la hipermetropía puede ser también temporal. Jasanoff (2010) señala que el abordaje del cambio climático obliga a manejar *tempos* muy amplios, de difícil percepción, a los que la cultura occidental no está acostumbrada. Como ejemplo menciona el ya citado Informe Brundtland, publicado en 1987 por la Comisión Mundial sobre el Medio Ambiente y el Desarrollo de la ONU con el título *Nuestro futuro común* (cf. nota 39), en el que se definía el desarrollo sostenible como aquel que «satisface las necesidades del presente sin comprometer la capacidad de las futuras generaciones para satisfacer sus propias necesidades». Jasanoff argumenta diferencias regulatorias entre Europa y los Estados Unidos que tienen arraigo en las distintas perspectivas del Derecho y que afectan a cómo se gestiona la incertidumbre y la indeterminación de los fenómenos climáticos[47]:

> El «futuro» es un concepto abierto, que se extiende hasta el infinito, mientras que el alcance del pensamiento moral se limita habitualmente al pasado inmediato y al futuro a corto plazo. El derecho consuetudinario, por ejemplo, se mostraba reacio a prohibir cualquier actividad humana a menos que los peligros fueran inminentes y previsibles, sobre la base de pruebas actuales. Incluso en la era de las sociedades de riesgo, el derecho regulatorio tiende a exigir evidencia de daños reales (por ejemplo, la experimentación con animales) antes de aprobar restricciones a la empresa privada. No sorprende que la insistencia de Europa en el principio de precaución, arraigado en la tradición del derecho civil de definir con precisión las responsabilidades del Estado hacia los ciudadanos, haya chocado con las perspectivas del derecho consuetudinario estadounidense que se centran en la reparación de los daños documentados empíricamente. (Jasanoff 2010, 242).

---

[47] El *Principio de Precaución* surgió en Alemania como un mecanismo que permitía justificar la intervención regulatoria para restringir los vertidos de contaminación marina aunque no hubiera pruebas demostradas de daño ambiental; desde la Segunda Conferencia Mundial del Clima, de 1990, se hizo extensivo a la gestión ambiental general (Wynne 1992, 112).

Aunque en su análisis de la década 2000-2010 Lopera y Moreno (2014) no encuentran presencia significativa de este factor, un 10,9% de los textos de nuestro corpus sobre cambio climático sí refleja una atención a fenómenos anecdóticos y alejados de la realidad de los lectores, algo que evoca el periodismo de sucesos y encaja con la importancia actual de los encuadres espectacularizantes. Es relevante matizar que, por el contrario, este rasgo no aparece en el corpus de textos de transición ecológica. Como refleja la Tabla 11, se trata de un recurso que en *El País* disminuye con el paso del tiempo, mientras en *El Mundo* baja en 2019 pero presenta un repunte de nuevo en 2023.

Tabla 11. Textos con hipermetropía ambiental en el corpus de cambio climático y transición ecológica (porcentajes de textos para cada medio/año)

2007		2019		2023	
EM	EP	EM	EP	EM	EP
19,2	20,2	5,6	12,3	14,5	5,9

Efectivamente, en términos de las máximas griceanas (especialmente la de pertinencia) conviene preguntarse cuál es la relevancia, para el lector español del siglo XXI, de titulares como los siguientes:

104. El cambio climático deja sin alimento en el Ártico a las ballenas grises (EP 11/09/2007).
105. El declive de las ranas (EM 17/04/2007).
106. El cambio climático en los tiempos de Atapuerca. (EM 18/05/2007).
107. Hallan el animal más viejo: una almeja de 405 años. (EM 30/10/2007).
108. España investiga el cambio climático en la Antártida. (EM 03/12/2007).
109. El clima amenaza con desplazar especies al fondo del mar (EP 24/12/2019).

Sin duda son textos de interés informativo, pero sitúan el problema en contextos ajenos. Respecto a la hipermetropía temporal, encontramos encuadres que relacionan los efectos del cambio climático con un pasado lejano o, sobre todo, con un tiempo futuro más o menos difuso:

110. Las huellas de un cambio climático hace 56 millones de años. (EM 12/01/2023).
111. El cambio climático reducirá las lluvias en España de forma notable desde 2070. (EM 21/03/2007).

112. El cambio climático costará a los países pobres 40.000 millones. (EM 29/05/2007).

113. El Mediterráneo sufrirá huracanes si la temperatura sube más de tres grados (EP 17/07/2007).

114. Así será España tras el calentamiento (EP 09/11/2007).

115. El mar subirá medio metro en España por el cambio climático (EP 11/04/2007).

116. «En 10 años habrá zonas inhabitables por falta de agua y calor» (EM 30/01/2023).

Evidentemente, esta atención temática del corpus está en consonancia con los usos léxicos que ya vimos, volcados en el impacto físico del cambio climático y los indicadores naturales. Compárense los anteriores con titulares como los siguientes, que activan un protagonismo humano y actual, con verbos en presente:

117. El informe del Panel de la ONU augura que «el sur de Europa será el gran perdedor» con el calentamiento (EM 11/04/2007).

118. Cómo saber si mi dieta contamina (EP 02/06/2019).

119. Guía para sobrevivir en una España con menos agua (EM 31/07/2023).

120. El calor perjudica seriamente tu salud laboral (EM 24/09/2023).

121. La sequía de España, uno de los desastres naturales más caros del año (EM 27/12/2023).

Estos titulares construyen un lector modelo un poco más próximo a los lectores empíricos de *El País* y *El Mundo*. Como ya vimos, los estudios antropológicos y culturales insisten en la necesidad de presentar el cambio climático como algo próximo, con anclajes culturales, que afecta verdaderamente la vida actual de las personas y que no concibe la naturaleza como algo lejano, ajeno a su mundo, sino como el escenario de su día a día. Aunque la situación es muy compleja, y la posible solución va más allá de, simplemente, dar cobertura a hechos y alteraciones ambientales próximas a los ciudadanos/lectores —sobre todo porque el mensaje periodístico coexiste con múltiples focos discursivos de naturaleza diversa— sin duda este enfoque de protagonismo ciudadano puede contribuir a que los lectores se sientan interpelados por los textos.

5.2. Las estructuras: empaquetados textuales del mensaje sobre el cambio climático

El empaquetado narrativo o argumentativo de los principales temas del cambio climático y la transición ecológica es una manifestación de la *estrategia estructural* del encuadre discursivo, a la que se suma, en el caso de la prensa, la organización de los géneros periodísticos. Más allá de las estructuras textuales narrativas y argumentativas que predominan en los textos y que el cognitivismo identifica como reflejo de dos modalidades de pensamiento (Bruner 1993), los formatos textuales mediante los cuales se pretende trasladar al ciudadano la información sobre el cambio climático tienen importancia fundamental: campañas publicitarias audiovisuales, carteles, folletos, reportajes, documentales…

No se trata de una cuestión irrelevante, sino que afecta directamente a la eficacia persuasiva; por ejemplo, Rowan *et al.* (2009) refieren que, tres meses antes del huracán Katrina que arrasó Luisiana el 29/08/2005, los responsables de emergencias habían enviado a cada domicilio folletos informativos de 60 páginas, pero eso no impidió que miles de ellos no quisieran evacuar la zona. En 2006, para salvar el hueco entre concienciación y acción, y tras una campaña publicitaria de 5 millones de dólares, se repartieron tarjetas gratuitas tamaño billetera con información de «lo que usted necesita saber» (sobre kits de emergencia con agua, medicinas, radios, generadores); la proporción de los que pensaban que tal planificación era importante aumentó del 38% al 43%, pero aun con esa percepción de mayor riesgo, los ciudadanos no almacenaron los kits de emergencia. La brecha entre convicción y acción, entre la perlocutividad referencial y directiva de los mensajes, es un elemento más de la complejidad de la comunicación sobre el cambio climático.

5.2.1. Grandes topoi narrativos y argumentativos

En el análisis de los textos del corpus sobre el cambio climático y la transición ecológica se repiten diferentes lugares comunes, de naturaleza narrativa, que se refieren a los principales protagonistas. Ya en 2009, la revista *Journal of Historical Geography* dedicó un monográfico a lo que suele llamarse «narrativas» del cambio climático, en cuya introducción Daniels y Endfield (2009) destacaban el papel protagonista de las historias del propio cambio ambiental, convertido en un «gran relato», y «en particular las alineadas con las gráficas curvas ascendentes del calentamiento global». Con la denominación de «narrativa» (como es habitual en cierta bibliografía) se referían a constructos discursivos amplios pero cerrados que combinan una naturaleza narrativa y argumentativa para explicar o justificar cierto estado de cosas, asumiendo esquemas de razonamiento casi deterministas que se remontan a Heródoto (Schnegg, O'Brian y Sievert 2021):

> Escéptico respecto de las teorías antropogénicas modernas sobre el cambio climático después de la Segunda Guerra Mundial, y aferrado a una crónica de continuidades duraderas, de «variaciones seculares» y «periodicidades», Gordon Manley, presidente de la *Royal Meteorological Society*, exploró la influencia modeladora del clima templado en el paisaje y las condiciones de vida de las Islas Británicas en *Climate and the British Scene* (1952). En contraste con los regímenes climáticos y sociales extremos de las «llanuras rusas o praderas americanas», un clima británico benigno, según Manley, alentaba una cultura y una topografía de «esfuerzo y empresa individual a pequeña escala», un tipo ideal evidente en las tramas antimodernas de otras historias del paisaje patriótico de la época, incluida *The Making of the English Landscape* (1955) de W.G. Hoskins. En su influyente ensayo «A place for stories: nature, history and narrative», William Cronon se centró en las historias ambientales de una región, las Grandes Llanuras americanas, durante principios del siglo xx, identificando una serie de tramas a veces contradictorias de desecación, a menudo basándose en la misma evidencia fáctica. Como una etiqueta entre muchas, «The Dust Bowl»[48] implicaba «una narrativa posible diferente… y diferentes finales posibles» con juicios divergentes sobre el significado cultural del evento, incluida la planificación del New Deal para la reconstrucción de la región. (Daniels y Endfield 2009, 215-216).

También Moezzi, Janda y Rotmann (2017) coordinan un monográfico de la revista *Energy Research and Social Science* sobre ese tipo de «narrativas» en la comunicación del cambio climático y la transición energética. Defienden la eficacia con la que los textos narrativos pueden complemen-

---

[48] Tormentas de polvo que en la década de 1930 afectaron a la zona de las grandes llanuras de Canadá y Estados Unidos, originadas por la combinación de fuertes sequías y prácticas agrícolas de sobreexplotación. Sirvieron de escenario para el argumento de *Las uvas de la ira*, de John Steinbeck.

tar las evaluaciones cuantitativas y reflejar experiencias personales sobre
la energía y el cambio climático. Los textos narrativos, señalan, pueden
servir para proporcionar un tipo distinto de «dato», para ofrecer perspectivas diferentes sobre los problemas, o para fomentar el compromiso con
la transición energética y contra el cambio climático. Su monográfico
incluye trabajos sobre «narrativas nacionales» construidas en el discurso gubernamental/estatal, y sobre «narrativas empresariales» destinadas
a presentar a la industria de combustibles fósiles como abanderada de la
transición ecológica. En el primer caso se incluyen (Malone, Hultmanb,
Anderson y Romeiro 2017) el apoyo estadounidense a la energía nuclear
tras la Segunda Guerra Mundial como «energía para la paz», la reivindi-
cación del gobierno brasileño del etanol de caña de azúcar (asociándolo a
un discurso sobre el bienestar social, la redención y el conocimiento que
surgen del sufrimiento) o el discurso del gobierno sueco sobre la energía
de biomasa (vinculándola al control local-nacional y al amor por la naturaleza y la tradición). Para el ámbito empresarial, Benites-Lazaro *et al.*
(2017) analizan el discurso de la Asociación Brasileña de la Industria de
la Caña de Azúcar (UNICA), la principal organización que representa a
los productores de azúcar, etanol y bioelectricidad en Brasil, a partir de
35 videos y presentaciones, e identifican tres estilos narrativos: historias
de héroes, historias de aprendizaje e historias catastrofistas. Estas autoras
proponen que estos tres esquemas narrativos confluyen para presentar la
industria de la caña de azúcar «como un negocio sostenible», y el etanol
«como un "héroe verde"» que contribuye a la reducción de emisiones de
gases de efecto invernadero «y, por lo tanto, salva a la humanidad del
cambio climático». Su análisis del discurso empresarial/industrial coincide con otros referidos a la construcción discursiva la responsabilidad
social por parte de empresas energéticas que presumen de su «posición
verde» (Llavero-Pasquina *et al.* 2024).

Fløttum y Gjerstad (2017) analizan la utilización de estructuras narrativas
en varios informes del IPCC y otros organismos, y subrayan la «ausencia de
héroes en el discurso sobre el cambio climático», aunque nuestros datos sí parecen reconocer esta condición heroica, de manera excepcional, a Al Gore en
2007 y a Greta Thunberg en 2019. Estos autores identifican micronarraciones
como las siguientes:

1. Las emisiones de CO_2 aumentaron drásticamente entre 1990 y
    2007.

2. El calentamiento global ha causado graves problemas en numerosas regiones.

3. La ONU organizó una cumbre internacional en Copenhague en 2009 (COP 15) para debatir las medidas a adoptar frente al cambio climático.

4. Pero los países negociadores no llegaron a ningún acuerdo vinculante sobre las medidas que adoptar.

5. El cambio climático constituye una grave amenaza para el planeta, y quienes menos han contribuido a los problemas son los más vulnerables a las consecuencias. (Fløttum y Gjerstad 2017, 5-6).

Como puede apreciarse en la lista, las cinco afirmaciones conceden protagonismo a los factores geoambientales y a los gobiernos, y solo la 5 coloca en la posición de víctima a «los más vulnerables», que no se sabe si son personas, países, o grupos poblacionales; obsérvese además cómo la afirmación 4 introduce matices argumentativos en la lista de narraciones, y la 5 los activa por inferencia.

La revisión de nuestro corpus correspondiente a 2007, 2019 y 2023 nos permite destacar estructuras de predominio narrativo en torno a los siguientes temas:

1. El planeta y el medio natural están en un proceso de cambio climático con manifestaciones extremas. En clave de periodismo científico, la prensa traslada a la ciudadanía los síntomas más radicales de este cambio y su impacto catastrófico en fenómenos de clima extremo.

122. Los anfibios están en la cúspide de las especies más afectadas en la actual crisis global de la biodiversidad. Más del 50% de las especies de estos seres, mitad acuáticos y mitad terrestres, se encuentra amenazada, y se puede afirmar que, al menos 120 de ellas han desaparecido desde 1980. (…) Inicialmente, se creyó que la actividad agrícola y los pesticidas estaba detrás del elevado declive de los anfibios; después se halló una explicación en la presencia de una bacteria mortal (*chytridiomycosis*) en la piel de los anfibios; y finalmente, se atribuyó a las especies invasoras que hallaron entre los anfibios su fuente de alimento. Ahora, la nueva investigación que ha desvelado el papel del cambio climático en este proceso se ha realizado en la Estación Biológica de La Selva, una zona de bosque tropical en Costa Rica, donde un 75%

de las poblaciones de anfibios y de reptiles ha desaparecido en los últimos 35 años. La zona estudiada es de la que hay datos más antiguos. (EM 17/04/2007).

123. Los 300 glaciares de la Península Antártica se deshielan más rápido de lo previsto, según un estudio de investigadores británicos que publica esta semana la revista científica *Journal of Geophysical Research*. Los científicos han analizado vía satélite la evolución de unos 300 glaciares entre 1993 y en 2003 y han descubierto que la velocidad de estos ríos de hielo ha aumentado un 12% en este tiempo. El cambio climático es «la causa más probable», según los investigadores. (EP 06/06/2007).

Vinculados a este gran marco se pueden identificar tres líneas discursivas. Un importante subtema es el que enfatiza los récords en la gravedad de diferentes indicadores naturales del cambio climático (cf. visualización de «récord» en el Apéndice). Puesto que estos récords climáticos se van encadenando año tras año, la aparición de estas noticias es mayor en 2023 (16 menciones en 2007; 17 en 2019; 109 en 2023):

124. «El mundo se está calentando de una manera inusual y el aumento del nivel del mar es una de las primeras manifestaciones», asevera Jonathan Gregory, con los datos que demuestran que 2018 ha fijado un nuevo récord de la temperatura del mar (calculada en 374 zeta-julios) y que la última década ha sido también la más calurosa jamás registrada en los océanos. «El mar es el termómetro del cambio climático», constata el científico británico. (EM 15/06/2019).

125. Este 2023 va camino de convertirse en el año más cálido jamás registrado. De hecho, así ha ocurrido con este octubre, que ha sido el octubre más cálido en el planeta desde que hay registros fiables (1850), según expone el servicio de cambio climático de Copernicus, dependiente de la Comisión Europea. Además, lo ha sido por mucho margen respecto a las marcas precedentes. El anterior récord databa de 2019, cuando la temperatura media de octubre fue de 14,9 grados. Este mes se ha superado ese récord por 0,4 grados, hasta alcanzar los 15,3. (EP 08/11/2023).

También son numerosos los textos que abordan el impacto económico de estas alteraciones climáticas (Stecula y Merkley 2019). Un indicador de este protagonismo es el hecho de que *El Mundo* publica un 16,5% de sus textos en las secciones[49] de Economía y Actualidad Económica (un 7,6% del corpus de *El País*):

126. Las inundaciones de estos últimos años han sido particularmente devastadoras en Europa. En 2018 la violencia de las lluvias y las riadas que dejaron a su paso se llevaron la vida de 69 personas, la mayor parte en Italia, Francia y España. A nivel global, estos desastres naturales causan daños materiales por valor de más de 90.000 millones de euros, una cifra que no deja de aumentar cada año. (EM 29/08/2019).

127. A un día de que arranque la Cumbre de la COP28 que celebra Naciones Unidas sobre el Cambio climático en Dubai, la agencia de calificación Standard & Poor's ha puesto cifras a las consecuencias que éste tendrá sobre la economía. Según sus cálculos, si el calentamiento global no se mantiene muy por debajo de los 2 grados centígrados comprometidos en el Acuerdo de París para el año 2050 la economía mundial sufrirá anualmente pérdidas del 4,4% debido a los riesgos que supondrá modificar la temperatura del mundo a estos niveles que los expertos consideran extremos (EM 29/11/2023).

El tercer ámbito discursivo es el que describe las medidas regulatorias destinadas a la mitigación o la adaptación. Muchas de estas medidas se describen con un anclaje en organismos gubernamentales, sobre todo europeos.

128. Entre las medidas de la Estrategia contra el Cambio Climático, el Gobierno presentará mañana la modificación del plan nacional de asignación de derechos de emisión de CO_2 a las industrias. Las modificaciones se han realizado

---

[49] No hemos desarrollado este aspecto del encuadre textual porque la organización en secciones de los dos diarios no es comparable, cambia en los tres años del corpus, y además los datos que cada diario incluye en FACTIVA no tienen el mismo nivel de detalle. *El Mundo* no indica la sección en gran parte de los textos subidos a FACTIVA; un 24,1% de sus textos se adscriben a "Papel", pero tras verificar varios epígrafes se entendió que esta etiqueta no apunta al suplemento del mismo nombre, sino a la edición impresa; se procedió entonces a buscar todas esas piezas manualmente en la versión web, pero no se encontraron todas; esta revisión, no obstante, permitió adscribir a diferentes subsecciones de "Ciencia y Salud" en torno al 27% de los textos, mientras un 16,5% se ubica en secciones de economía y actualidad económica y un 11% en los reportajes del suplemento Papel. No obstante, el cálculo debe considerarse aproximado por la deficiencia de los datos de origen. En *El País* predomina la inclusión de los textos en la sección de sociedad (un 32%), seguida por la de opinión (11,5%), pero un 17,4% de los textos se publican en las secciones autonómicas (destacando Cataluña, País Vasco y Comunitat Valenciana), y un 7,9% en la sección eminentemente política llamada "España". Otra diferencia notable es que un 7,5% de los textos de *El País* aparecen en portada, frente al 1,9% de *El Mundo*.

para cumplir las exigencias de la normativa europea aprobada para limitar las emisiones de seis sectores industriales (EP 20/07/2007).

2. Los políticos no son suficientemente coherentes con el consenso científico. La resistencia política a ser coherente con el consenso científico se despliega en narraciones sobre acuerdos poco ambiciosos o fracasos en las negociaciones de alto nivel, así como en actuaciones políticas contrarias a la protección medioambiental:

> 129. El PSOE descarta el «ecocéntimo» para no transmitir la idea de que sube impuestos. El PSOE ha descartado el cobro de un céntimo verde o ecocéntimo por cada litro de gasolina para financiar actuaciones contra el cambio climático. Después de que ayer *El País* adelantara el borrador del programa electoral en materia de medio ambiente, los dirigentes del partido salieron ayer en tromba para negar que esa medida vaya a incorporarse al texto definitivo, aunque sí figure en el esbozo elaborado por el grupo de 16 expertos en cambio climático reunidos por los socialistas. El PSOE no quiere dar la imagen de que sube los impuestos —ni siquiera 50 céntimos cada vez que se llena el depósito del coche—, y menos después de que el PP haya anunciado una rebaja fiscal (EP 28/11/2007).

El Panel Intergubernamental de la ONU es la ejemplificación de la inseparabilidad entre decisiones políticas y conocimiento científico, pues «la ciencia [sobre el cambio climático] proporciona el conocimiento necesario para estimular y guiar la acción socio-política» (Taylor y Buttel 1992, 405), hasta el punto de que esta relación, aparentemente simbiótica entre políticos y climatólogos, se plasmaría (Greschke 2015, 122) en el reconocimiento de un «nosotros» unitario, sobre todo en las declaraciones y discursos solemnes. Sin embargo, la ruptura de ese «nosotros» es uno de los *topoi* que atraviesa la cobertura del cambio climático ya desde 2007:

> 130. La noche del jueves al viernes la reunión [del IPCC] se prolongó a lo largo de toda la madrugada en una tensa sesión de casi 24 horas. Esto provocó la indignación de una parte de los científicos por lo que consideraron «injerencias políticas» y «vandalismo científico», según una de las intervenciones que hubo antes de la redacción final del documento. Después de 22 horas de negociaciones, los representantes de Arabia Saudí, China y Rusia eliminaron una cifra clave y un gráfico del resumen final. Los dos primeros países

citados se salieron con la suya también, al eliminar un «muy», cuando se afirmaba la «[muy] elevada confianza» en los datos de que muchos sistemas naturales están ya afectados por los cambios del clima. El IPCC considera que esa confianza es del 99,9%, pese a lo cual se quitó el calificativo. (EM 08/04/2007).

El resultado de este alejamiento entre ciencia y política es la poca ambición de los grandes acuerdos internacionales y, una vez adoptados, su incumplimiento[50]. Ambos diarios trasladan esta valoración frustrante, que afecta a la cobertura global del problema, en sus editoriales sobre la COP28:

131. Una cumbre del clima decepcionante (EM 19/12/2019, editorial).
132. Decepción (EP 16712/2019, editorial).

Como subtemas de este *topos* surgen, por un lado, la alusión reiterada al incumplimiento de acuerdos y normativas aprobadas con fundamentos científicos y, por tanto, la hipocresía de los representantes políticos y los gobiernos, así como de ciertas personalidades:

133. Las ZBE [Zonas de Bajas Emisiones], que ya existían en ciudades como Madrid, Barcelona, Pontevedra, Pamplona o Sevilla (con su centro restringido al tráfico privado), cobraron carta de naturaleza en mayo de 2021, dentro de la Ley de Cambio climático y Transición Ecológica. En su articulado, se recogía que todas las poblaciones de más de 50.000 habitantes deberían tenerlas en marcha desde este enero. La medida, además, se hacía extensiva a aquellas poblaciones con más de 20.000 habitantes cuyos niveles de contaminación estén por encima de los permitidos. Cruzado ese umbral, apenas 20 de las 149 grandes urbes obligadas a tenerlas en marcha lo han hecho. (EM 09/01/2023).

134. El ex vicepresidente de EE UU convierte los riesgos del cambio climático en un negocio. Al Gore está recibiendo mucho calor del boyante debate sobre el cambio climático. Y eso se traduce también en decenas de millones de dólares en efectivo. (…) Más allá de su perfil político, Al Gore es una verdadera máquina de hacer dinero, o al menos para atraerlo. Y no solo porque cobre entre 100.000 y 175.000 dólares por cada discurso de 75 minutos que dé para denunciar las barbaridades contra el medio ambiente. (…) Su visión

---

[50] En una conferencia sobre la Convención Marco de Naciones Unidas el exdirector de AEMET Font Tullot (1994, 7) se preguntaba si «valía la pena tanto ruido para tan pocas nueces».

está en integrar el medio ambiente con el mercado de capitales. Con este propósito, hace tres años lanzó la compañía *Generation Investment Management* (GIM). La firma, con sede en Londres, cuenta con analistas bursátiles tradicionales y economistas especializados en el ámbito del medio ambiente. («Al Gore, Sociedad Limitada», EP 23/12/2007).

Otro *topos* político relevante insiste en la paradoja —y la injusticia— de que los países más contaminantes sean los que menos sufren las consecuencias del cambio climático y se resistan a ayudar a los países más pobres y vulnerables, tal y como indica la ONU y se ha ido acordando en sucesivas COP. La Convención Marco de 1993 (Bangkok) ya había acordado la reposición de un Fondo Multilateral de 455 millones de dólares para 1994-1996, que no se entregó. La COP 7, celebrada en 2001 en Marraquech, establecía un *Fondo de Adaptación*, que de nuevo se volvía a aprobar en la COP 9 (Milán 2003). En 2022, en las cumbres celebradas en Sharm el Sheij (COP27/CMP17/CMA4)[51], se acordó la creación de un fondo específico, la *Red de Santiago*, para pérdidas y daños. Esta es una de las iniciativas referidas al cambio climático que remiten a la idea de bucle constante, casi —permítasenos la broma amarga— como en un largo día de la marmota.

135. El secretario general de la ONU apremió a los países industrializados a «hacer plenamente operativo» el Fondo de Pérdidas y Daños en la COP28 que se celebrará a partir del 30 de noviembre en Dubai. Guterres recordó el objetivo aún no alcanzado de contribuir con 100. 000 millones de dólares (93. 000 millones de euros) de ayudas a los países vulnerables. «Ni África ni los países en desarrollo queremos caridad; lo que necesitamos son soluciones prácticas», dijo por su parte el presidente keniano William Ruto, que reclamó la implantación global de un «impuesto del carbono» para financiar el fondo de pérdidas y daños (EM 21/09/2023).

136. Los países ricos, los responsables históricos del cambio climático, se comprometieron hace años a ayudar financieramente a las naciones en desarrollo

---

[51] La afición a las siglas de los organizadores de estos encuentros se convierte, como veremos, en un foco de confusión más en torno al tema de cambio climático. Adelantaremos de momento que COP se refiere a *Conference of the Parties*, CMP se utiliza para *Conference of the Parties serving as the Meeting of the Parties to the Kyoto Protocol* (firmantes de Protocolo de Kioto); y CMA hace referencia a *Conference of the Parties serving as the Meeting of the Parties to the Paris Agreement* (firmantes de los Acuerdos de París).

para que puedan adaptarse. Pero esa financiación se ha quedado corta hasta ahora. La petición de Guterres de gravar los beneficios de la industria de los combustibles fósiles llega al tiempo que el Programa de las Naciones Unidas para el Medio Ambiente (Pnuma) presenta su informe sobre las políticas de adaptación al cambio climático. (EP 03/11/2023).

137. Narendra Modi, primer ministro de la India, defendió en esta COP el objetivo de triplicar las renovables de aquí a 2030. Pero evitó las referencias a la eliminación de los combustibles fósiles. En las anteriores cumbres, la India ha sido una de las naciones que han peleado más para que no se fije una ruta clara para eliminarlos en todos los países. Modi señaló en su intervención directamente a los países desarrollados, a los que ha acusado de haber provocado el problema con sus emisiones durante el pasado siglo, algo que hace que ahora toda la humanidad «esté pagando las consecuencias, especialmente los países del sur global». El mandatario indio, que ha ofrecido a su país para acoger la COP de 2028, recordó que la India acoge al 17% de la población global, pero solo emite el 4% del dióxido de carbono mundial. (EP 02/12/2023).

Un tercer subtema político lo configuran los textos que ponen de manifiesto la resistencia de algunos actores económicos concretos, como la banca o la industria de combustibles fósiles, y sus presiones para intervenir en las medidas políticas:

138. La banca avisa del coste de la «revolución verde». La banca reclama al Gobierno y a las autoridades financieras que reduzcan la «incertidumbre artificial» generada en torno al cambio climático y pide un reparto proporcional de los costes que derivarán de esta «revolución verde». «Se trata, en definitiva, de no añadir incertidumbre artificial a la incertidumbre estructural del cambio climático», señaló el presidente de la patronal AEB, José María Roldán, en unas jornadas celebradas ayer en el Iese. El sector financiero está inmerso en un proceso de revisión de riesgos vinculado a la transición ecológica, un criterio que hasta ahora no medía la cartera crediticia (EM 04/12/2019).

139. Red Eléctrica de España (REE) ha sumado su voz a las críticas contra la propuesta de recorte a la retribución de transporte y distribución a las eléctricas presentada por la Comisión Nacional de los Mercados y la Competencia (CNMC). Roberto García Merino, consejero delegado de REE, avisó ayer de que algunas de las medidas planeadas por el regu-

lador impiden cumplir con los objetivos de transición energética fijados por el Gobierno. La advertencia llegó tras la presentación de los resultados del grupo, que en el primer semestre del año ganó un 1,5% más. (EP 01/08/2019).

3. La ciudadanía, con sus acciones, es responsable, o directamente culpable, del cambio climático. A la escasa presencia de los ciudadanos en el discurso desplegado sobre el cambio climático y la transición ecológica se añade la circunstancia de que, cuando se la menciona, con frecuencia es para asignarle una acción irresponsable, culpable.

140. La primera causa de muerte entre los jóvenes y uno de los principales culpables del cambio climático se ha convertido en compañero inseparable de los gallegos. Un estudio elaborado por profesores de la Universidad de A Coruña revela que Galicia está a la cabeza de Europa en el uso del automóvil. (EP 28/01/2007).

141. Para Gallardón, la solución al problema del cambio climático concierne a los responsables políticos de todo el mundo, pero también a cada ciudadano. «Es uno de esos desafíos individuales que exigen la participación personal», ha asegurado. (EP 02/02/2007).

4. Las élites políticas, económicas, empresariales y populares hacen alarde de su irresponsabilidad. No solo se evidencia que asumen conductas contrarias a la defensa del medio ambiente, sino también su impunidad, con actuaciones que desafían el compromiso ecológico:

142. El pasado viernes, *El País* publicaba los extractos más interesantes de la declaración judicial de la cantante [Shakira], que se enfrenta a los tribunales por un supuesto fraude fiscal de 14,5 millones de euros. Una de las frases más comentadas en Twitter fue justo la del titular: «Sobrevolábamos Barcelona y le pedí al piloto del avión si podía aterrizar brevemente solo para darle un beso a Gerard. Es lo más romántico que he hecho en mi vida. No sé si la Agencia [Tributaria] me lo habrá computado como un día en España». Muchos recordaban, con indignación justificada, cómo se supone que debemos ducharnos rápido, consumir menos carne o llevar nuestra bolsa al súper para evitar el colapso climático, para que luego cualquier millonario se suba a su avión privado cuando le apetece tomarse un café. Encima, y en este caso, se trata de

una millonaria acusada de no pagar los impuestos que le tocan. (EP 20/06/2023).

143. ¿Pueden lanzar profecías ecologistas personas cuya huella de carbono es miles de veces superior a la del ser humano medio? Lo de los ecoactivistas viajando en jets privados, ya saben. (EM 26/03/2023).

5. La unión de innovación tecnológica y estrategia empresarial abre nuevas vías para afrontar el cambio climático. En este marco la prensa recoge iniciativas que aportan un plus de innovación a las prácticas habituales contra el cambio climático: recuperación de variedades agrícolas, tecnología de materiales, etc. Ya vimos al hablar de la actancialidad que el mundo de la empresa tiene poca presencia, pero aun así destacan este tipo de encuadres:

144. Hormigón «cannábico» contra la crisis climática. «Hempcrete», el cáñamo mezclado con cal, una vieja tecnología hoy recuperada, es una de las alternativas más prometedoras en el esfuerzo por desarrollar una construcción limpia que reduzca la dependencia del cemento. (EM 03/08/2023).

145. El cambio climático ha provocado que las altas temperaturas del agua de las bahías del Delta del Ebro maten a la cría de mejillón. En 2022 los productores perdieron todas las crías y este 2023 la mortalidad ha sido del 80%. Dependen de las compras en países como Italia y Grecia. Una alianza entre la Costa Brava y el Delta del Ebro intenta revertir esa dependencia. Este año se ha empezado a criar mejillón en Roses, donde las aguas más frías permiten una buena captación aunque la carencia de nutrientes no propicie su engorde. Una vez tienen la medida necesaria se transportan al Delta, donde tiene un buen desarrollo y se acaba comercializando. (EP 31/12/2023).

Entre los relatos más extendidos de la comunicación del cambio climático, los textos de nuestro corpus recogen varios de los que Wallace-Wells (2019) identifica como «parábolas climáticas», por ejemplo que el calentamiento global está terminando con gran parte de las especies del planeta, o que el uso excesivo de plásticos es un elemento esencial en la contaminación que causa el cambio climático. El editorial de *El País* «Plástico y calentamiento global» (19/05/2023) recoge uno de estos grandes temas; véase en el fragmento cómo se recurre a *topoi* argumentativos y narrativos:

146. Plástico y calentamiento global . Las medidas de la ONU para reducir ese derivado de los combustibles fósiles son necesarias para frenar la crisis climática. (…) Los informes científicos mantienen viva la vigilancia sobre la lentitud de los progresos en el control del calentamiento global, sin incurrir en un alarmismo que a veces provoca efectos sociales de saturación: dispara la alarma de forma fugaz y propicia después la resignación ante un fenómeno multifactorial y de magnitud gigantesca. En buena medida, eso es lo que describe el informe de la OMM sobre la lentitud de los avances contra el calentamiento global y la previsión de subidas excepcionales de temperaturas con consecuencias inmediatas en múltiples ámbitos. La causa mayor de esa dificultad para frenar el calentamiento global está en la dependencia de los combustibles fósiles, y el plástico es un derivado de ellos: los ecosistemas acuáticos (ríos, lagos, mares) del planeta soportan hoy una contaminación de más de 140 millones de toneladas de plástico. (…).

Lo mismo ocurre en esta noticia de *El Mundo* (13/12/2017) firmada por Patricia H. Ben:

147. Las abejas, contra las cuerdas por el cambio climático. El aumento de las temperaturas y las escasas precipitaciones están obstaculizando la alimentación de las abejas. Aunque España es el país del mundo con más colmenas, importa el 80% de la miel que consume de China. Las abejas son esenciales para la conservación de los ecosistemas. El número de polinizadores está disminuyendo en todo el mundo por diversas causas y el cambio climático está agravando esta situación, poniendo en riesgo todos los beneficios que aportan. Una prueba de ello es que el 70% de los cultivos agrícolas necesitan la polinización para ser efectivos, según datos del Ministerio de Agricultura y Pesca, Alimentación y Medio Ambiente (Mapama).

En lo referente al recurso a esquemas de predominio argumentativo, lo más habitual es que estos se entrelacen con las narraciones, imbricando ambos modelos estructurales y fusionando sus estructuras. No obstante, destacamos dos líneas temáticas argumentativas:

6. Las políticas contra el cambio climático son necesarias porque la humanidad necesita protección ante sus efectos. Esta tesis general sobre la necesidad de acción política coexiste (sobre todo en *El País*) con el relato ya señalado de que los gobiernos no hacen el suficiente caso a las alertas de los científicos del IPCC porque priorizan políticas que les dan beneficio —político y económico— a corto plazo y dejan de lado las que defienden el bien común; por este motivo las cumbres COP son valoradas por ambos diarios como decepcionantes.

7. Es necesario considerar el problema del cambio climático desde un enfoque global que obliga a relativizar algunas cuestiones. Esta línea argumentativa aparece en *El Mundo*, algunos de cuyos textos relativizan la gravedad del problema; por ejemplo, a veces desarrolla argumentaciones que minimizan el problema climático porque se defiende que la tecnología puede paliar los efectos:

148. MARIO MOLINA: «Ya existen las tecnologías necesarias para evitar que el cambio climático se vuelva realmente peligroso» (EM 23/06/2007).
149. El desierto israelí donde se ensaya la España del cambio climático (EM 13/03/2019).

En esta posición global de relativización del problema, también *El Mundo* tiende a destacar el impacto económico negativo que pueden tener para la industria y las empresas las medidas contra el cambio climático; el apoyo a las energías renovables se combina con el énfasis en mantener el crecimiento económico, y las medidas legislativas y regulatorias contra el cambio climático se comentan con los razonamientos de prevención habituales en las retóricas conservadoras (Hirschman 1991). Así, encontramos argumentos de perversidad (las medidas propuestas agravarán el problema en lugar de solucionarlo), de futilidad (serán medidas inoperantes) y de riesgo (su impacto negativo es inasumible y no compensa los posibles beneficios):

150. Con respecto a esta ley [de Cambio climático y Transición Energética de Baleares] también ha intervenido la Comisión Nacional de los Mercados y la Competencia (CNMC) cuyo presidente, José María Marín Quemada, remitió una carta que ha sido objeto de debate durante en el pleno del Parlamento balear. En este escrito, el presidente del organismo avisaba de los efectos negativos de la norma que finalmente se aprobó ayer y proponía «medidas menos gravosas». (…) Además señalan que esta norma supone, en la práctica, una prohibición de compra de vehículos desde su misma

entrada en vigor, porque nadie en esa comunidad autónoma va a adquirir uno de ellos con la incertidumbre que se ha creado. (EM 13/02/2019).

151. Pero ¿cuáles serían las consecuencias de subir el precio de la factura del agua [según sugiere un informe de la OCDE]? «Es imposible asumirlo», sentencia Pedro Barato, presidente de Asaja, en conversación con EL MUNDO y empezando a responder la pregunta en lo que al uso agrario se refiere. En su opinión, «hay que empezar por abajo» con otras medidas antes de abordar una posible subida del precio del agua. «Al final lo que vamos a hacer es espantar las inversiones y poner en peligro la economía de una zona», lamenta. «Es matar moscas a cañonazos», ilustra Barato. (…) También Pedro Arrojo, relator de las Naciones Unidas por los derechos del agua potable y el saneamiento, cree que esta medida tiene varias aristas. En primer lugar, señala el peligro que tendría repercutir la subida de precio en la población: «Que suba el precio del agua cuando ya hay miles de cortes de agua a familias vulnerables, si no se matiza, es muy peligroso». Es «un ataque a los derechos humanos» que, además, no resultaría especialmente eficiente, porque el agua doméstica «no es ni el 10% del agua que se consume». (EM 23/10/2023).

152. El «acelerón verde» eleva el riesgo de apagón en España (EM 10/02/2023).

Esta argumentación, que pide cautela ante el riesgo económico excesivo de las medidas de mitigación y adaptación, es recogida en la bibliografía de manera general para la prensa de tendencia conservadora (Capstick y Pidgeon 2014; Schmid-Petri 2017). En *El País* encontramos más textos (hay que recordar que el corpus es mucho mayor) que, o bien le dan la vuelta al razonamiento (precisamente los costes económicos del cambio climático son un argumento más para tomar medidas e intentar contrarrestarlo), o bien dan más importancia a las nuevas oportunidades, económicas y de otro tipo, que surgen para las empresas y la sociedad:

153. Los nuevos planes hacia la descarbonización [de Repsol] se reflejan en el impulso de los proyectos asociados a la transición energética. En este sentido, la compañía incrementa su objetivo de capacidad de generación de electricidad baja en carbono desde los 4.500 MW hasta los 7.500 MW en 2025. Asimismo, tiene previsto iniciar su expansión en otros mercados fuera de España «para convertirse en un actor internacional relevante en energías renovables». (EP 03/12/2019).

154. Hace unos meses, España asumió con responsabilidad el encargo de liderar este eje de acción de cara a la cumbre. Hoy, podemos decir que, en Nueva York, más de 30 países se comprometerán a desarrollar Planes Nacionales de Transición Justa, Trabajo Decente y Empleos Verdes. Con ellos, los países podrán identificar las nuevas oportunidades de empleo, las nuevas habilidades y capacidades, y las nuevas necesidades de formación. (EP 23/09/2019. Tribuna de la ministra de Transición Ecológica, Teresa Ribera).

Figura 7. Resumen de los principales topoi del corpus, que combinan argumentación y narración

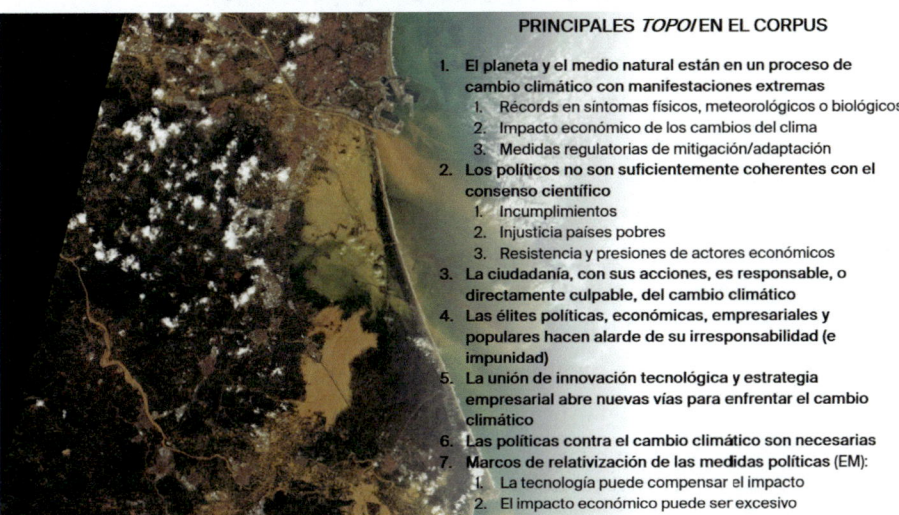

PRINCIPALES *TOPOI* EN EL CORPUS

1. El planeta y el medio natural están en un proceso de cambio climático con manifestaciones extremas
   1. Récords en síntomas físicos, meteorológicos o biológicos
   2. Impacto económico de los cambios del clima
   3. Medidas regulatorias de mitigación/adaptación
2. Los políticos no son suficientemente coherentes con el consenso científico
   1. Incumplimientos
   2. Injusticia países pobres
   3. Resistencia y presiones de actores económicos
3. La ciudadanía, con sus acciones, es responsable, o directamente culpable, del cambio climático
4. Las élites políticas, económicas, empresariales y populares hacen alarde de su irresponsabilidad (e impunidad)
5. La unión de innovación tecnológica y estrategia empresarial abre nuevas vías para enfrentar el cambio climático
6. Las políticas contra el cambio climático son necesarias
7. Marcos de relativización de las medidas políticas (EM):
   1. La tecnología puede compensar el impacto
   2. El impacto económico puede ser excesivo

La imagen ilustrativa es una fotografía satélite de la NASA que muestra la zona de las inundaciones producidas por una DANA en la Comunitat Valenciana en octubre de 2024. Fuente: «Cambio climático global de la NASA». https://earthobservatory.nasa.gov/images/153533/valencia-floods

5.2.2. Los géneros periodísticos en el corpus

En lo que afecta estrictamente al discurso de la prensa, que es el que analizamos en este trabajo, estas estructuras narrativas y argumentativas se despliegan en los distintos géneros periodísticos. Los tres años seleccionados para el corpus muestran clara preeminencia de los textos de información, de predominio narrativo: noticias y reportajes. Ambos periódicos aportan ejemplos extraordinarios de reportajes en profundidad sobre la crisis climática, aunque predominen las noticias referidas a declaraciones políticas y cumbres institucionales. Como muestra el Gráfico 15, en el reparto de géneros textuales destaca *El País* por sus editoriales (47 textos en los tres años, frente a 7 de *El Mundo*) y *El Mundo* por sus entrevistas (proporcionalmente, casi el doble que *El País*).

La voz científica es la más presente en las entrevistas en ambos diarios (50% en *El Mundo*, 44,2% en *El País*); por ejemplo, encontramos entrevistas a James Lovelock (EM 2007), la primatóloga Jane Goodall (EM 2007), el nobel de química Mario Molina (EM 2007, EM 2019), el director del Servicio de Cambio Climático de Copernicus, Carlo Buontempo (EP 2023), o el economista y asesor Jeremy Rifkin (EP 2007, EM 2019). El segundo grupo más entrevistado es el de los líderes internacionales, ya sean dirigentes políticos de otros países o representantes de organismos internacionales, como Yvo de Boer, exsecretario ejecutivo de la CMNUCC (EM 2007), Patricia Espinosa, secretaria ejecutiva de la CMNUCC (EP 2019), Carolina Schmidt, exministra de Medio Ambiente de Chile (EP 2019), Ricardo Salles, exministro de Medio Ambiente de Brasil (EP 2019), Dan Jorgensen, ministro de Clima y Energía de Dinamarca (EM 2023). En menor medida se entrevista también a portavoces o miembros de organizaciones ecologistas (15,6% de las entrevistas de *El Mundo*, 11,6% en *El País*), como Gerd Leipold, exdirector de Greenpeace Internacional (EM 2007), Patricia Zurita, directora de BirdLife International (EP 2019), o Andrew Harper, asesor de ACNUR en cambio climático (EM 2023). Las demás entrevistas se realizan a políticos nacionales (6,3% de las entrevistas de *El Mundo*, 14% de las de *El País*), como Teresa Ribera, ministra de Transición Ecológica y Reto Demográfico (EP 2019) o Sara Aagesen, secretaria de Estado de Energía (EM 2023).

Como señalábamos en la Introducción, la entrevista es objeto de atención específico de la APIA española, que ofrece en su web un manual orientado a cómo deben realizarse las entrevistas relacionadas con el cambio climático (APIA 2023). La Asociación de Periodistas de Información Ambiental subraya la necesidad de ampliar el espectro de voces relevantes en las entrevistas relacionadas con el cambio climático:

> Se echan en falta las respuestas de científicos de disciplinas alejadas de la meteorología, el perfil más habitual en los medios. Desde otras perspectivas, incluidas las de los científicos sociales, como psicólogos, sociólogos o antropólogos, se podría generar un diálogo transversal con el que poder afrontar mejor el fenómeno del cambio climático. Resulta altamente recomendable incorporar otros perfiles de entrevistados ya que apenas se observan entrevistas a empresarios, periodistas especializados, organizaciones ecologistas o educadores ambientales. Resulta llamativa la escasa

presencia de los jóvenes activistas en los medios tras su protagonismo en 2019. Al mismo tiempo, una mirada realmente transversal a la crisis climática permitiría introducir la cuestión en cualquier temática o entrevista planteada desde el ejercicio profesional del periodismo.

La columna de opinión y la tribuna son también un recurso importante para ceder la voz a los expertos y personalidades con *auctoritas*. En *El País* encontramos, por ejemplo, las firmas de Ulrich Beck («Por una Europa Verde», 04/02/2007; «El cambio climático y la justicia mundial», 15/06/2007), David Wallace-Wells («Cinco errores sobre el cambio climático», 09/11/2019), Cristina Monge («Sentar al futuro a la mesa de negociación», 15/03/2019; «¿Un 'Spanish Green New Deal'?», 20/06/2019; «Cambio climático: la hora del BOE», 29/09/2019; «Tres razones por las que el cambio climático amenaza a las democracias», 02/12/2019; «Retardismo y especulación contra el clima», 03/01/2023; «Un 28M contra el clima», 12/05/2023; «El pesimismo es para los buenos tiempos», 14/12/2023), Javier Solana («Una transición energética con sello europeo», 02/12/2019), o Santiago Grisolía («Cambio climático, energía y aumento de la población», 30/06/2007). También hay tribunas que dan la palabra a representantes del mundo empresarial (Ignacio Sánchez Galán, presidente de Iberdrola, 01/08/2019; Santiago Gómez Ramos, presidente de la Asociación de Empresas de Energías Renovables, 02/01/2023; Gonzalo Sáenz de Miera, presidente del Grupo Español para el Crecimiento Verde, 02/07/2023).

Gráfico 15. Reparto de géneros textuales expresado en porcentajes respecto al conjunto de textos de cada periódico

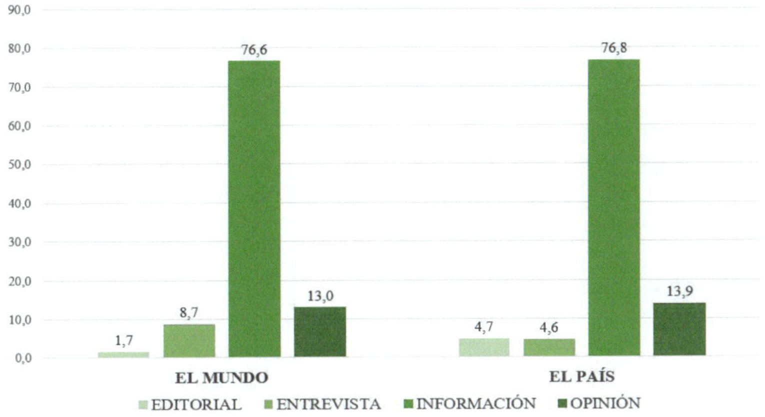

Fuente: elaboración propia

En *El Mundo* se publican igualmente varias tribunas de voces de autoridad, algunas vinculadas al Partido Popular, como la exeurodiputada Ana Palacio, experta en transición energética y consejera de empresas como Enagás, con varias tribunas en 2023 («Realidad y dogma energético en la UE», 13/01/2023; «El siglo del gas y los minerales críticos (con nuclear)», 09/01/2023; «Globalización por invitación en energía», 20/01/2023; «¿Qué esperar de la COP 28?», 17/06/2023), o Miguel Arias Cañete, comisario de energía de la UE («Por una Europa moderna, competitiva y sostenible», 15/05/2019), pero también de la industria (como Haitham Al Ghais, secretario general de la Organización de Países Exportadores de Petróleo, 11/10/2023), o *El Mundo* de las ONG (Kevin Warkins, director ejecutivo de Save the Children, 15/12/2007)

Como muestra el Gráfico 15, los editoriales tienen mayor peso en *El País*(4,7% de sus textos) que en *El Mundo* (1,7%), lo que se confirma para etapas anteriores a nuestros datos. Por ejemplo, en su estudio de textos de *El País*, *El Mundo* y *La Vanguardia* entre 1997 y 2011, Blanco, Quesada y Teruel (2013) señalaban que *La Vanguardia* era el periódico que más editoriales dedicaba al tema (95), seguido de *El País* (71) y *El Mundo* (54)

5.3. La importancia de los recursos paratextuales

Aun no siendo objetivo específico de este trabajo, resulta necesario detenerse brevemente en señalar la importancia de lo paratextual en la comunicación climática. Ambos diarios utilizan fotografías, gráficos e infografías en su cobertura informativa del tema.

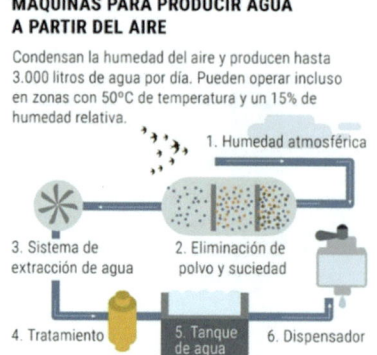

MÁQUINAS PARA PRODUCIR AGUA A PARTIR DEL AIRE

Condensan la humedad del aire y producen hasta 3.000 litros de agua por día. Pueden operar incluso en zonas con 50°C de temperatura y un 15% de humedad relativa.

1. Humedad atmosférica
3. Sistema de extracción de agua
2. Eliminación de polvo y suciedad
4. Tratamiento
5. Tanque de agua
6. Dispensador

FUENTE: Mekorot, U. Ben Gurion, Home Biogas, Aquaer.
MAITE VAQUERO | EL MUNDO GRÁFICOS

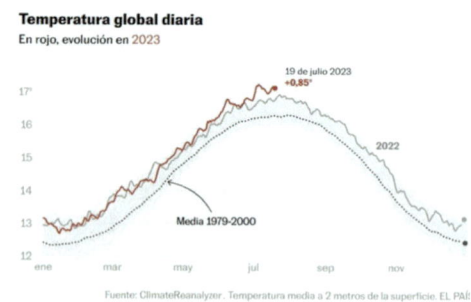

Figura 8. Ejemplos de infografía
de *El País* 22/07/2023 (izda.) y *El Mundo* 13/03/2019 (dcha.)

En la actualidad digital, la infografía es, sin ningún tipo de dudas, un formato muy rentable comunicativamente, por varios motivos. En primer lugar, por su efectividad en la trasmisión de significados complejos; en segundo lugar, por su idoneidad para ser viralizadas en el contexto atolondrado de la comunicación digital.

Los dos ejemplos de la Figura 8 muestran la rentabilidad informativa y comunicativa de los códigos paratextuales en la cobertura del cambio climático y sus efectos. Mientras la infografía se ajusta óptimamente a la transmisión del conocimiento científico (ambos diarios tienen profesionales especializados), las fotografías pueden mostrar con absoluta contundencia los efectos de las catástrofes climáticas y la ausencia de políticas ambientales coherentes. Lo ejemplificamos en la Figura 9 con dos elocuentes portadas de diarios valencianos correspondientes a la DANA de 2024:

Figura 9. El paratexto fotográfico en la cobertura del cambio climático. Portadas de *Las Provincias* y *Levante-EMV* del día 31 de octubre de 2024

6. Dimensión interactiva

6.1. Intertextualidad: las voces del texto

El encuadre discursivo incluye en su *estrategia dialógica* el recurso a voces ajenas, es decir, los fenómenos de intertextualidad o polifonía. El concepto de intertextualidad es introducido por Julia Kristeva en su *Semiótica*, para referirse a lo que Mijaíl Bajtin llamó «dialogismo». Esta noción del análisis del discurso no se restringe a la idea estricta de «fuente (periodística)», sino que incluye todo tipo de enunciaciones recogidas por un texto: «todo texto se construye como mosaico de citas, todo texto es absorción y transformación de otro texto» (Kristeva 1976,190).

Ese mosaico de citas da personalidad a los textos, sean o no periodísticos, y es relevante en cualquier análisis del encuadre. También siguiendo a Bajtín y a la lingüística marxista, la teoría sistémica de la valoración (*appraisal theory*) considera (Don 2016, 2) que todas las manifestaciones valorativas son, en realidad, intertextuales, y que esa intertextualidad contribuye a la construcción de identidad de los hablantes; por eso, junto a la actitud y la gradación valorativas, la teoría utiliza el concepto de compromiso o implicación (*engagement*), para identificar la heteroglosia de los textos (Martin 1997; White 2003).

La intertextualidad de los mensajes del corpus tiene que ver sobre todo con las voces a las que se da relevancia como *auctoritas* (Bayes, Bolsen y Druckman 2023, 24). Fløttum y Gjerstad destacan la relevancia de la polifonía en el discurso sobre el cambio climático:

https://dx.doi.org/10.5209/ling.006.06

Hay muchas características que son obviamente relevantes para el discurso del cambio climático: expresiones de modalidad epistémica, deóntica y axiológica, expresiones adverbiales (o diferentes tipos de evasivas), conectores, pronombres, elecciones léxicas, metáforas, discurso indirecto y, como hemos demostrado en este artículo, la perspectiva polifónica, pueden ser particularmente relevantes. En el debate sobre el cambio climático se introducen múltiples voces, a nivel macro por parte de los diferentes actores y partes interesadas, pero también a nivel micro por parte de diferentes voces dentro de las narraciones particulares. (Fløttum y Gjerstad 2017, 12).

Por este motivo, junto a las manifestaciones claras de cita o discurso referido, ya sea en estilo directo o indirecto, nuestro análisis tiene en cuenta algunos procedimientos gramaticales —especialmente ciertos tiempos verbales— mediante los cuales se indica «que el hablante posee un conocimiento de segunda mano, que lo que afirma depende de un discurso ajeno» (Reyes 1990, 18). La categoría pragmática de la evidencialidad resulta de interés para la introducción de este tipo de información. Como se ve en el siguiente texto de Carlos Fresneda para *El Mundo*, las voces de los diferentes tribunales mencionados no responden al concepto de fuente periodística, pero indudablemente enriquecen la polifonía del texto y contextualizan la noticia sobre la sentencia que debe emitir el Tribunal Supremo ante la demanda planteada en 2020 por varias organizaciones ecologistas:

155. El juicio del clima es un litigio sin precedentes aquí, que podría alinearse con otras naciones en las que los tribunales han dado ya la razón a las demandas de la sociedad civil frente a la pasividad de los gobiernos. La tendencia la marcó Países Bajos en 2019, con la sentencia a favor de la denuncia interpuesta por la Fundación Urgenda, que forzó a la revisión de los planes climáticos. Dos años después, el tribunal constitucional alemán calificó como «insuficientes» los objetivos de la Ley de Protección del Clima y obligó a revisarlas al alza. Algo parecido ocurrió ese año en Francia, cuando el Tribunal Administrativo de París reconoció la responsabilidad del Estado en los «daños ecológicos» por la crisis climática. (EM 20/06/2023).

Asumimos, en suma, que las y los periodistas construyen su profesionalidad (y la de su medio) según el tipo de voces que incluyen en su discurso, de ahí la relevancia de esta estrategia discursiva. El siguiente fragmento evidencia la finura con la que se puede citar a los emisores en algunos de los textos, al des-proveer de la categoría de científico a un negacionista:

> 156. El próximo lunes, otra organización financiada por Exxon y con base en Canadá, publicará en Londres un estudio que arroja la sombra de la duda sobre el informe intergubernamental. Entre los autores de ese estudio está Tad Murty, un excientífico que niega que la actividad humana tenga algo que ver con el cambio climático. (EP 03/02/2007).

Por el contrario, un ejemplo elocuente de frivolidad-espectacularización lo tenemos en un texto de *El Mundo* que da protagonismo a un niño convertido en celebridad por, supuestamente, acertar en sus pronósticos del tiempo. El texto, firmado por Angélica Reinosa, se titula «El niño casi infalible del tiempo: "Este invierno va a ser muy frío, con más nieve de lo habitual"», y leemos cosas como esta:

> 157. Su opinión sobre el cambio climático es que, alrededor de ese tema, «hay mucho alarmismo y mucha mentira porque detrás hay muchos intereses». Y se remonta al pasado para explicarse: «Cuando dicen que en España no ha habido tantos calores, eso es mentira». (EM 05/11/2023).

En otros casos, el mal uso de los procedimientos de cita impide diferenciar la voz del texto y la voz citada, como ocurre en este caso, en que lo dicho por el líder del PP es asumido literalmente por la voz periodística («ya que no se puede…»):

> 158. El líder del Partido Popular, Alberto Núñez Feijóo, pidió al presidente del Gobierno, Pedro Sánchez, que deje de hacer «demagogia» con los incendios forestales ya que no se puede ir a una comunidad autónoma gobernada por los 'populares' y decir que se deben a la negligencia y falta de medios, y argumentar que son fruto del cambio climático y de los incendiarios si gobiernan los socialistas. (EM 06/04/2023).

Aunque en nuestro corpus resulta obvio que el periodismo es el emisor fundamental, para realizar su cobertura mediática del cambio climático y la transición ecológica, los profesionales trasladan a la ciudadanía una selección de voces pertinentes sobre el tema, que responde básicamente a los tres perfiles recogidos en el Gráfico 8: voz política, voz científica y voz activista. Como ya hemos señalado, la tendencia periodística a privilegiar los encuadres del conflicto abre la puerta a las posiciones negacionistas y contrarias a la realidad científica, una difusión que con frecuencia se ampara en el pluralismo y la necesidad de dar cabida a puntos de vista contrarios.

Gráfico 16. Reparto proporcional del tipo de fuentes utilizadas en los textos de prensa escrita sobre el cambio climático, 2021 y 2022

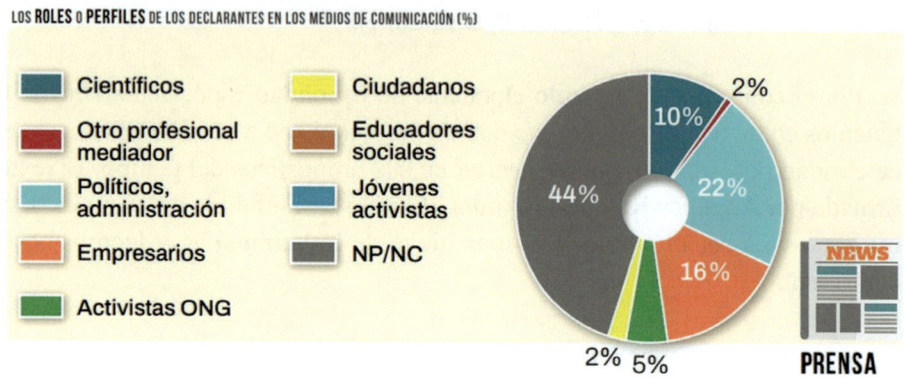

Fuente: APIA 2023 (a partir de Teso 2023)

El Gráfico 16 reproduce los resultados respecto a las fuentes predominantes en periodismo escrito en el estudio de Teso (2023, 44), que analizaba 699 textos de 2021 y 2022. Como puede apreciarse, entre las fuentes identificadas («declarantes») predominan las voces políticas (22%), seguidas del mundo empresarial (16%) y las voces de las y los expertos científicos (19%).

Aunque el concepto de intertextualidad sea más amplio que el de fuente periodística, aplicamos una categorización similar en los datos de nuestro corpus, diferenciando cinco tipos de voces citadas: 1) los científicos/expertos, 2) representantes del mundo político, 3) del activismo y el tercer sector, 4) del mundo empresarial, 5) otros. En casi todos los casos las citas pueden darse en estilo directo e indirecto, y pueden proceder de declaraciones concretas o de informes y documentos. No fue posible un análisis automatizado mediante *software* debido, sobre todo, a la multiplicidad y riqueza de verbos utilizados por los periodistas con la función de *verba dicendi*: decir (1226 ocurrencias), asegurar (442), considerar (381), añadir (341), advertir (333), afirmar (306), prever (302), recordar (276), mostrar (246), anunciar (235), proponer (227), declarar (166), sostener (160), alertar (137), estimar (124), admitir (109), manifestar (92), criticar (83), acusar (79), incidir (77), mencionar (67), resaltar (66), lamentar

(63), expresar (62), concluir que (60), abogar (52), predecir (52), revelar (51), argumentar (46), instar (44), opinar (40), recomendar (36), coincidir (33), pronosticar (27), vaticinar (27), aludir (26), apreciar (26), matizar (21), sentenciar (17), relatar (16), rematar (11), ironizar (10), alabar (8), apostillar (6), emplazar (5), congratularse (2), conjeturar (2)… La lista es enorme e inabarcable para el análisis automático. Por ello, el análisis se realizó manualmente, reduciendo los subcorpus de 2007 y 2023 de los dos periódicos mediante una metodología de «año construido»[52] que nos llevó al análisis detallado de los 5 primeros textos de naturaleza informativa (ni entrevistas ni textos de opinión) de cada mes; el corpus de 1.418 textos se condensó de este modo en una muestra de 240 textos, manejables para el análisis detallado.

El análisis consideró cualquier cita o evocación textual referida al cambio climático, su gestión política o su impacto, teniendo en cuenta tanto los *verba dicendi* como las locuciones evidenciales de discurso referido, del tipo «para los ecologistas…» o «según el Sindicato Central de Regantes del Acueducto Tajo-Segura …». Las glosas que trasladan a los lectores las conclusiones de un informe no son tenidas en cuenta si no hay marca específica de discurso referido. Por ejemplo, en el siguiente caso es evidente que la información aportada por la periodista, Teresa López Pavón, procede del informe que está reseñando, pero tan solo contabilizamos tres citas: «el informe subraya…», «el CSIC advierte…», y el marcador «pues bien», que sirve también para introducir la voz del informe:

159. El informe de los investigadores, presentado por el director de la Estación Biológica [de Doñana], Eloy Revilla, subraya que el descontrol en las dos últimas décadas de los regadíos muestra un «claro fallo de la gobernanza por parte de las administraciones con competencias». Los humedales constituyen el principal activo de Doñana. Por un lado, el parque tiene marisma, que se forma por acumulación sobre un suelo arcilloso de los recursos que llegan de la lluvia y de caños y arroyos, que también dependen de las aguas subterráneas. Y, por otro lado, están las

---

[52] La metodología de año construido es una técnica de muestreo utilizada en estudios de comunicación y periodismo, en el marco de la corriente que suele denominarse análisis del contenido. Al hablar de «año construido» se amplía la metodología original de la «semana construida», que consiste en seleccionar días no consecutivos de diferentes semanas para formar una muestra representativa del contenido mediático de un período determinado; se asume que esta técnica permite capturar variaciones temporales que podrían influir en el contenido analizado (Riffe y Lacy 1993; Hester y Dougall 2007). En el año construido se seleccionan muestras de cada mes para obtener una muestra representativa de un año.

lagunas, formadas en los puntos de descarga del acuífero, creando un sistema que es único en Europa, por su abundancia y variedad. Pues bien, el nivel freático de Doñana ha descendido de forma generalizada y eso provoca una reducción del tiempo que permanecen inundadas y de su extensión. El CSIC advierte de que «el deterioro del sistema de lagunas de Doñana es generalizado». El 59% de las lagunas estudiadas no se ha inundado al menos desde 2013. Un 19% de las 267 muestreadas se ha perdido al estar ya totalmente invadidas por vegetación terrestre y otro 19% tiene más de un 50% de su cubeta invadida por matorral y pinos. Solamente un 10% se mantiene en buen estado. (EM 14/04/2023).

Lo normal es que un mismo texto dé entrada a distinto tipo de fuentes y opiniones, así que no cabe la asociación directa texto → fuente. La pluralidad de voces es, como sabemos, sello de identidad de la neutralidad periodística, por lo que es normal que en un mismo texto coexistan diversos emisores, cuando el/la periodista lo enriquece con los diferentes puntos de vista:

160. El Gobierno de Castilla-La Mancha (presidido por los socialistas) y diversas organizaciones ecologistas y ciudadanas en defensa del río expresaron su satisfacción por la fijación del caudal ecológico. Transición Ecológica incide en que hay que cumplir con las sentencias del Tribunal Supremo en las que se instaba al Ejecutivo a acatar la legislación europea. Sin embargo, en cuanto se dio a conocer la propuesta, las asociaciones de agricultores y regantes de las tres comunidades afectadas, así como sus gobiernos autonómicos, mostraron su rechazo al recorte, que supondrá una pérdida de 15.000 empleos directos y 5.700 millones de euros, de acuerdo con las estimaciones de los primeros. (EP 12/01/2023).

El Gráfico 17 muestra el resultado del análisis de la intertextualidad en esta cata reducida de 60 textos de cada diario para los dos años más distantes del corpus, 2007 y 2023, diferenciando solo cinco categorías (frente a las ocho que surgieron en el análisis de la actancialidad). En los 240 textos analizados cita a cita, predominan las voces políticas (45,9% del total de citas) y científicas (31%); les siguen las voces del activismo (8%), otras voces (7,3%), y, en último lugar, la voz empresarial (5,3%). La diferencia más evidente entre los dos medios es que *El País* da más protagonismo a la voz política que a la de los científicos, situación que se invierte en *El Mundo*; por su parte, tanto los empresarios como los activistas encuentran más eco en *El Mundo* que en *El País*. En los siguientes apartados repasamos esta distribución de la intertextualidad.

Gráfico 17. Distribución de la intertextualidad según diarios y años en la selección de 60 textos de cada diario en los años más distantes (porcentajes para el total de voces citadas en cada muestra)

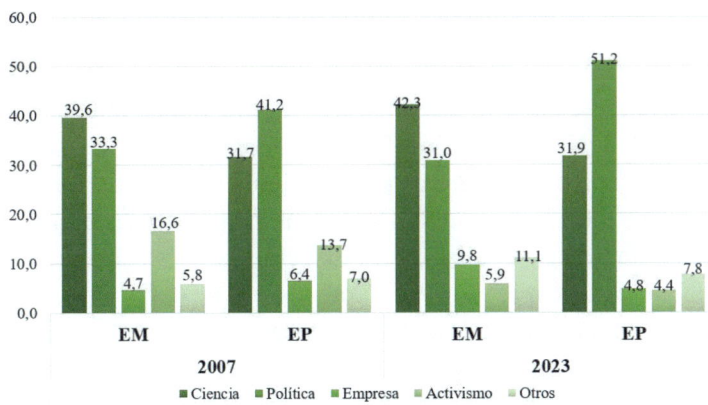

Fuente: elaboración propia.

6.1.1. La autoridad institucional y gubernamental

Si atendemos a quiénes son los emisores autorizados de la comunicación del cambio climático encontramos el primer elemento de dispersión, sobre todo en el nivel institucional/político. Durante la pandemia de la COVID19 para (casi) todo el mundo resultaba evidente la autoridad de la OMS. Sin embargo, no hay nada similar ante la emergencia climática. La propia ONU transmite una pluralidad de voces que, como mínimo, instaura cierta confusión: las Conferencias Ordinarias sobre cambio climático, la Convención Marco de las Naciones Unidas para el Cambio Climático (CMNUCC), el Panel Intergubernamental sobre el Cambio Climático (IPCC; el más científico), las Conferencias anuales de las partes COP, las CMP de los firmantes de Kioto, las CMA de los Acuerdos de Paris[53]. La prensa traslada en general

---

[53] Todos estos acontecimientos (y sus documentos resultantes) se caracterizan porque tienen dos o más denominaciones simultáneas, algo que contribuye a la falta de definición y al ruido discursivo. Así, las CMNUCC (Convenciones Marco de las Naciones Unidas para el Cambio Climático), celebradas desde 1992, empiezan a incluir en 1995 las COP o Conferencias de las Partes. Desde 2005, se suman simultáneamente las MOP (*Meeting Of Parts*), o Reuniones de las Partes firmantes del Protocolo de Kioto, que enseguida se rebautizan

la autoridad científica del IPCC, pero este panel es en sí mismo plural y no se acompaña de una *auctoritas* política de refuerzo (comparemos esta situación con las comparecencias de la OMS durante la pandemia, encarnadas todo el tiempo en la figura de su director, el Dr. Tedros Adhanom Ghebreyesus). No se llega a consolidar una imagen de unanimidad, sino que se fomenta la atomización y la dispersión de voces.

Entre las instituciones, los gobiernos resultan fundamentales por su responsabilidad en la aprobación de medidas legislativas y acuerdos que contribuyan a frenar la urgencia del impacto del cambio climático; y estas decisiones se producen tanto en organismos internacionales (siendo máximos representantes la ONU y la Unión Europea) como en los tres niveles de la administración del Estado: central, autonómico y municipal. Pero en el momento en que los temas ambientales son tratados por actores políticos, el discurso se contagia de las peculiaridades discursivas correspondientes, motivo por el cual, como vimos, es necesario considerar que existe en los medios un encuadre específico de la CCC de naturaleza política.

Por último, los gobiernos son responsables de la introducción de los temas ambientales en los currículos de los distintos niveles educativos, que son también agentes institucionales. González y Meira (2020) señalan cómo estas enseñanzas se ven afectadas por la implantación generalizada de los sistemas educativos neoliberales:

> De una educación con claros tintes de alfabetización ecológica promovida por el Programa Internacional de Educación Ambiental (PIEA, UNESCO) de 1975 a 1995, se pasó a una educación para el desarrollo sustentable, alineada con los planes de negocios de corporaciones y países ricos e ideada para mantener la premisa del crecimiento en el centro del modelo de desarrollo, así como la ruta aspiracional de pertenencia a la sociedad de consumo prohijada por los países en desarrollo. (2020, 158).

Estos autores distinguen entre «educar sobre el clima», como un asunto de la formación en ciencias naturales, y «educar para el cambio»[54], un

como CMP (*Conference of the Parties serving as the Meeting of the Parties to the Kyoto Protocol*), de manera que la COP11 de Montreal era simultáneamente la CMP1. Desde 2016 (Marraquech), a las COP22 y la CMP12 se suma la CMA1, que integra a los firmantes de los Acuerdos de París. Cada cumbre es una verdadera colección de siglas.

[54] Esta distinción es paralela a la que, ante el problema global de la desinformación y el negacionismo, separa una educación en pensamiento crítico, fomentada por las Ciencias Humanas y Sociales, de una educación en contenidos específicamente científicos, propios de Ciencias Experimentales o disciplinas STEM.

cambio que la educación debe promover en múltiples direcciones: cambiar para corregir desajustes sistémicos, para modificar la acción social, para la descarbonización, para el decrecimiento, y para, en definitiva, participar en la transición socioecológica. La prensa se hace eco de esta realidad con titulares como los siguientes:

161. [La ministra de Educación Isabel] Celaá quiere una asignatura sobre cambio climático (EM 10/12/2019).
162. La revolución verde no llega al aula (EP 13/11/2019).
163. Los profesores llevan al aula la 'revolución verde' (EM 17/10/2023).

En el análisis del corpus se consideraron voces políticas las de los gobiernos y sus representantes, pero también organismos nacionales e internacionales de naturaleza política con capacidad de decisión, como la Convención Marco de la ONU sobre cambio climático (CMNUCC), la Agencia Internacional de la Energía, el Foro Económico Mundial, las confederaciones hidrográficas, etc. Aunque los organismos institucionales estén representados por personas con perfiles científicos, aceptamos la designación elegida en cada caso por quien redacta los textos; por ejemplo, la oficina de Naciones Unidas para el Medio Ambiente (UNEP) es un emisor institucional, pero el Panel Intergubernamental de Naciones Unidas se ha considerado emisor científico; un mismo texto puede alternar este tipo de referencias para las mismas voces:

164. El director gerente del FMI [Rodrigo Rato] se ha referido al tema [del cambio climático] en términos muy urgentes en sus últimos discursos. El 24 de septiembre, en Madrid, destacó «los desafíos mundiales en tres áreas: la globalización financiera, las tensiones en política ambiental —principalmente por el cambio climático— y las tensiones por los cambios demográficos». Y citó sobre el cambio climático al expresidente Bill Clinton, en el sentido de que «es el factor más importante que puede poner en peligro la civilización». Rato añadió: «No es que sea perjudicial, sino que es catastrófico». (EP 27/10/2007).
165. Se observa una clara disposición favorable. Christine Lagarde, la presidenta del Banco Central Europeo (BCE), ha declarado que el cambio climático será una misión prioritaria en su mandato y analiza la posibilidad de restringir o suprimir la compra de bonos de compañías contaminantes. (EP 16/12/2019).

Si atendemos a la distribución de intertextualidad del Gráfico 17, vemos que *El Mundo* recurre a mencionar voces políticas/institucionales en un 33,3% (2007) y un 31% (2023) de sus citas, mientras *El País* lo hace en mayor proporción, con el 41,2% (2007) y el 51,2% (2023). La importancia dada por *El País* a voz política (el 45,9% de su discurso referido tiene este origen político/institucional) podría responder a la necesidad de que la preocupación por el tema se plasme en acciones y medidas políticas/regulatorias, trasladando el foco desde la ciencia (el clima) hacia las decisiones (la transición), tal y como mostraban también las leves diferencias léxicas vistas.

Entre las citas de los líderes políticos, *El Mundo* no renuncia a acompañar a los líderes políticos del espectro conservador en sus afirmaciones negacionistas o de cuestionamiento del cambio climático; así, en 2007 trataba de justificar el negacionismo de Mariano Rajoy contraponiendo su posición como una presunta moderación frente a la visión exagerada y radical que representaría Al Gore, y explicitando una interpretación protectora de sus palabras («Rajoy no quiso decir que…»). En 2019 y 2023 recoge sin valoración crítica las posiciones negacionistas de la derecha radical, glosando con detalle las declaraciones de su líder:

166. Al Gore compara el cambio climático con Hitler y alerta de su efecto en Doñana. Mariano Rajoy asegura por contra que no se puede convertir esto «en el gran problema mundial». (…) Rajoy no quiso decir que no le preocupe el medio ambiente. Pero, en opinión del presidente del Partido Popular, hay problemas «más importantes, como los del sector energético o los de las emisiones de CO_2» (EM 23/10/2007).

167. «Desconfiad». Abascal introdujo como otra gran novedad en su discurso un tema de actualidad como es la «emergencia climática», en boca ahora de partidos como el PSOE, el de Errejón o Unidas Podemos. El líder de Vox pidió a sus simpatizantes que «desconfíen», porque las «multinacionales» y la «extrema izquierda» van de la mano. «Nueva dictadura». En su opinión, hay un nuevo movimiento que quiere «imponer una nueva dictadura» y la achacó expresamente a la izquierda. «¿Hay una emergencia climática? Yo solo sé que es una trampa nueva del marxismo cultural», aseguró. «Disparate». Para Santiago Abascal lo que empieza con la reclamación para conservar el planeta «acaba en el disparate», en una nueva «religión» que te dice «no tener hijos, no tener coche o no comer carne». (EM 07/10/2019).

6.1.2. La autoridad científica

Obviamente, los medios recurren a la voz científica como legitimadora, tanto en sus textos como en sus propias iniciativas de comunicación. Por ejemplo, el siguiente fragmento pertenece al artículo metainformativo «Una información del tiempo con contexto medioambiental» de *El País* :

> 168. «Es fundamental que se ayude a contextualizar la información del tiempo», opina sobre los cambios Cristina Monge, politóloga y miembro de la organización ecologista Ecodes. «El tiempo deja de ser así solo una información de servicio y se ayuda a comprender cómo está cambiando el clima», añade esta especialista en comunicación sobre cambio climático. Monge recuerda que diarios fuera de España, como *The Guardian*, ya ofrecen algunos indicadores similares. (EP 21/07/2019).

Los paneles y grupos de expertos son emisores fundamentales sobre el cambio climático y normalmente sirven de base para el discurso de divulgación científica que trata de aproximar la ciencia al gran público. El Panel Intergubernamental (IPCC), creado en 1988 por la Organización Meteorológica Mundial y el Programa Ambiental de la ONU (UNEP), y sus sucesivos informes de evaluación (1990, 1995, 2001, 2007, 2014 y 2023), son la autoridad de base, tanto para los medios como para los expertos en divulgación de la ciencia. A ellos se suman los numerosos informes expertos propiciados por otras organizaciones, públicas o privadas, y la propia labor de los científicos y los grupos de investigación.

Para el enfoque que buscamos en este trabajo es relevante señalar que la importancia indudable que tienen las fuentes expertas en cambio climático explica en parte el protagonismo discursivo del planeta, y no de sus habitantes, pues resulta lógico que en el discurso científico que actúa como fuente periodística, los elementos medioambientales sean los protagonistas. Véase, por ejemplo, una publicación del 10 de enero de 2025 de la agencia SINC[55], que posteaba en redes sociales una noticia sobre el hecho de que en 2024 se había superado la temperatura del planeta en

---

[55] La agencia SINC (Servicio de Información y Noticias Científicas) es una agencia de noticias pública, de ámbito estatal, especializada en información sobre ciencia y tecnología, vinculada a la FECYT del Ministerio de Ciencia, Innovación y Universidades, en cuya página web incluye un submenú específico para noticias de cambio climático. Imagen disponible en https://www.instagram.com/p/DEpKuuhM1M8/

más de 1,5 °C respecto a las medidas de referencia utilizadas por el IPCC; como muestra el texto de la Figura 10, la agencia habla de «una cifra que preocupa a la comunidad científica» y que «asusta a la ciencia», cuando en realidad debería ser una preocupación generalizada para todos los seres humanos, y especialmente para los habitantes de los países más contaminantes y las zonas de más riesgo.

Figura 10. Publicación en Instagram de la agencia pública SINC

Este discurso ha sido descrito (Hansen 2007) como un discurso de «reticencia científica», y activa una oposición entre discurso *alarmista* y discurso *prudente*. Hansen, climatólogo citado como experto en juicios y en sesiones del Congreso estadounidense relacionadas con el cambio climático, criticaba que los científicos no trasladan a la sociedad la gravedad de los peligros que supone el cambio climático:

> Sospecho de la existencia de lo que llamo el «efecto John Mercer». Mercer (1978) sugirió que el calentamiento global provocado por la quema de combustibles fósiles podría provocar una desastrosa desintegración de la capa de hielo de la Antártida occidental, con un aumento del nivel del mar de varios metros en todo el mundo. Esto ocurrió en la época en que el calentamiento global empezaba a recibir atención del Departamento de Energía de los Estados Unidos y de otras agencias científicas. Observé que

los científicos que cuestionaban a Mercer, sugiriendo que su artículo era alarmista, eran tratados como si tuvieran más autoridad.

No era obvio quién tenía razón en lo que se refería a la ciencia, pero a mí me parecía, y creo que también a la mayoría de los científicos, que los científicos que predicaban la cautela y restaban importancia a los peligros del cambio climático obtenían mejores resultados a la hora de recibir financiación para la investigación (Hansen 2007, 1).

Hansen entiende que la reticencia científica es coherente con el propio método científico, y que además previene el rechazo más tajante tanto de los políticos como de la ciudadanía, pero considera que el precio por trasladar esa cautela al gran público puede ser, si no lo está siendo ya, excesivo. También Wallace-Wells (2019) señala cierto factor justificable en la reticencia científica:

> También había cierta sabiduría personal en la reticencia científica, políticamente tan retrógrada como pueda serlo el hecho de ocultar al público los resultados más aterradores de las investigaciones más recientes. A su vez, como activistas a tiempo parcial, los científicos han visto cómo sus colegas y colaboradores han pasado muchas noches oscuras del alma, y muchos de ellos también se han desesperado ante la tormenta de cambio climático que se avecina y lo poco que el mundo está haciendo para evitarla. Por ello les preocupaba especialmente la fatiga mental, y la posibilidad de que un relato honesto sobre el clima llevase a tanta gente a caer en el desánimo que el esfuerzo por evitar una crisis se disipase.

Este tipo de apreciaciones sobre el discurso científico exige diferenciar entre este y el discurso divulgativo. La divulgación científica[56] es un tipo de

---

[56] La relevancia del tema, amplificada por los medios de comunicación, explica la existencia de numerosos libros y publicaciones periódicas que tratan de hacer entendible el fenómeno para el gran público, mientras en el mundo digital los blogs especializados en medio ambiente han ido cediendo la palabra a los numerosos perfiles de expertos en redes sociales, tanto pertenecientes a grupos de investigación como a científicos individuales. Tanto en X como —cada vez más— en Bluesky encontramos perfiles serios y rigurosos que trasladan al gran público los avances de las investigaciones climáticas. Este discurso divulgativo se sustenta en la idea ilustrada de que el saber y el conocimiento de la ciudadanía es algo deseable y plausible que favorece además la democracia deliberativa. Puesto que no son el objetivo de nuestro estudio, citamos tan solo algunos de estos libros: *Esto lo cambia todo. El capitalismo contra el clima* (Naomi Klein, 2014), *Y vimos cambiar las estaciones* (Philip Kitcher y Evelyn Fox Keller, 2017), *Aún no es tarde: claves para entender y frenar el cambio climático* (Andreu Escrivà, 2018), *Antropoceno. La política en la era humana* (Manuel Arias Maldonado, 2018), *El planeta inhóspito. La vida después del calentamiento*

construcción textual diferente a la del texto científico especializado (que tiene, a su vez, su propia naturaleza discursiva, como subrayara David Locke en su magnífico *La ciencia como escritura*). En este sentido, y desde los planteamientos del experiencialismo cognitivista[57], Carmen Galán (2001, 2003) señala que la construcción discursiva de la divulgación científica se apoya por lo general en tres tipos de encuadre metafórico:

1. La metáfora del déficit refleja la distancia cognitiva entre sabios y legos, productores y consumidores. Massarani y De Castro (2004, 30) describen la divulgación de la ciencia con este planteamiento, como «una visión unidireccional de dicha actividad, en la que la información fluye de individuos dotados hacia una masa carente de conocimientos». Esta metáfora alimenta el tópico de la torre de marfil, pero también la consideración de la figura del científico como maníaco, loco o diabólico, cuyo saber escapa a la gente normal.

2. La metáfora del puente surge porque se radicaliza la separación entre científico y lego, ya que la diferencia de conocimientos se incrementa con una diferencia de códigos, que opone los metalenguajes científicos a la «facilidad» de las lenguas naturales.

3. La metáfora de la traducción surgiría como consecuencia del puente necesario entre las que Snow había llamado «las dos culturas». Este enfoque pone de manifiesto que lo que separa al científico del lego es un sistema lingüístico, y la divulgación subsana esta distancia llevando la ciencia al lenguaje común. Galán subraya que esta posición encierra premisas erróneas, pues la ciencia se expresa siempre en lenguaje natural, y los

---

(David Wallace Wells, 2019), *Ecología e igualdad. Hacia una relectura de la teoría sociológica en un planeta que se ha quedado pequeño* (Ernest García, 2021), *El meteorito somos nosotros* (Darío Adanti, 2022), *Contra el mito del colapso ecológico* (Emilio Santiago, 2023), *Vida de ricos* (Emilio Santiago, 2025).

[57] «En su obra *Metaphors We Live By*, su obra fundacional, [Mark Johnson y George Lakoff] sostienen la tesis de que nuestro sistema conceptual es fundamentalmente de naturaleza metafórica, y que dichos conceptos metafóricos estructuran nuestras percepciones y conductas. Este punto de vista —que dichos autores denominaron experiencialismo— considera que lo esencial de la metáfora es que nos permite comprender un dominio de la experiencia a partir de otro dominio. Indudablemente, esta afirmación rompe la imagen tradicional que considera la metáfora como un componente desviado, ornamental, y periférico y atañe no solo a la filosofía del lenguaje, sino a todos los procesos de conceptualización». (Galán 2001, 128).

científicos son simultáneamente legos en las áreas que no son su especialidad.

Entre estas posiciones metafóricas, es habitual que la bibliografía sobre la comunicación del cambio climático critique con diferentes argumentos el modelo del déficit. Por ejemplo, Ramos, Callejo y Francescutti (2024, 50) han señalado que la posición habitual de los científicos del cambio climático corresponde a la metáfora del déficit, pese al alto nivel de incertidumbre con el que trabajan y que, según ellos, es más propio de lo que llaman una «ciencia posnormal». Pero es importante insistir en que los pactos de lectura de la ciencia especializada no son los mismos que los de la divulgación o la prensa generalista, y mientras el destinatario experto puede integrar la incertidumbre en su interpretación, esta no es igualmente deseable en otros ámbitos discursivos:

> Desde hace unas décadas la vinculación de los descubrimientos científicos con el mundo económico industrializado más la dimensión social que ha adquirido la tecnociencia han otorgado a los medios de comunicación una función más activa que la de simples mediadores en la difusión del conocimiento científico: el público «quiere saber», pero también se siente con derecho a opinar. La razón es que determinados planteamientos de la ciencia (sobre todo los que conciernen a decisiones políticas como la clonación humana, la inteligencia artificial, o la guerra bacteriológica) generan una gran inquietud social y desatan un acuciante temor ante la imposibilidad de controlar el propio destino; por otra parte, es innegable que algunos de los efectos más perniciosos de la tecnociencia —la guerra nuclear, el cambio climático, la destrucción de la biosfera— han supuesto ya un cambio radical en nuestras formas de vida y en nuestra organización del trabajo. (Galán 2003, 143).

Las voces científicas son las que pertenecen a académicos y expertos. Ramos, Callejo y Francescutti (2024, 64) señalan que es posible diferenciar diversos tipos:

- Especialistas generales en el funcionamiento del clima, sus impactos sociales y sus regulaciones jurídicas, que por lo general trabajan en organismos públicos de finalidad investigadora y/o asesora para las políticas públicas.

- Especialistas que trabajan en empresas orientadas al mercado y se centran en la viabilidad económica y la rentabilidad de las tecnologías o servicios relacionados con el cambio climático.
- Expertos pertenecientes a organizaciones no gubernamentales, vinculados al activismo y los movimientos sociales, con vocación militante.
- Especialistas en comunicación y divulgación científica.

Nuestro corpus ofrece la participación de todos estos expertos, y son frecuentes los textos destinados a glosar y explicar los informes que producen asociaciones científicas, consultoras o grupos de investigación. Véase el siguiente fragmento de un texto de Rosa M. Tristán en *El Mundo*, en el que traslada las conclusiones del Informe sobre Desarrollo Humano 2007-2008 presentado por el Programa de Naciones Unidas para el Desarrollo (PNUD):

169. Según el informe del PNUD, hoy casi la mitad de las emisiones de CO_2 provienen del 15% de la población mundial. Y otro dato: 23 millones de texanos (EE.UU.) emiten tanto dióxido de carbono como 720 millones de subsaharianos. Sin embargo, uno de cada 19 africanos puede ser víctima de un desastre climático, frente a uno de cada 1.500 norteamericanos. Prueba de ello es que solo entre 2000 y 2004, 262 millones de personas sufrieron una de sequía, inundación o un tifón. El 98% vivía en países en desarrollo. Una sequía en Etiopía supuso en 2005, dos millones adicionales de niños desnutridos. «Son los pobres quienes ven mermado su desarrollo humano», insistía ayer en Madrid Rebeca Grynspan, responsable del PNUD para Latinoamérica y Caribe. (EM 28/11/2007).

En ocasiones una misma persona puede ser citada en calidad de más de un rol, sobre todo porque los científicos pueden ser mencionados por su actividad investigadora pero también en calidad de portavoces, directores o gestores del organismo en que desempeñan su labor, ya sea este político, empresarial o del tercer sector. En el análisis concreto recogemos cada cita según el perfil que en cada caso le adjudica el/la periodista:

170. Durante los últimos 20 años, nuestro país ha reducido su tasa de descarbonización hasta un 2,3%, en consonancia con la UE (aún lejos del 15,2% que marca la Agenda 2030), **según datos** de la consultora PwC. A juicio de Pepa Chiarri, **directora** ejecutiva de Clima y Sostenibilidad de Oliver Wyman

Iberia, «las administraciones públicas están marcando unos objetivos muy ambiciosos, con varios documentos para guiar los esfuerzos de descarbonización». Entre ellos, los planes nacionales de adaptación al cambio climático e integración de energía y clima o la hoja de ruta del hidrógeno para promover su desarrollo como vector energético verde. (…) Chiarri asegura que el sector privado también muestra «un buen avance en el desarrollo de planes de transición climática». Un reciente informe de **su consultora** revela que el 60% de las empresas españolas estudiadas ya cuenta con un plan de reducción. El problema, matiza la **experta**, es que «solo un tercio ha incluido objetivos para conseguir un efecto tractor en toda la cadena de suministro». (EM 21/03/2023).

Por su parte, Nerlich, Koteyko y Brown (2010) insisten en que el modelo del déficit (en el que incluyen los trabajos sobre estrategias efectivas de comunicación) encierra reduccionismos en varios niveles, y le reprochan especialmente la unidireccionalidad:

El «modelo de comprensión pública de la ciencia» implica una metáfora de comunicación como canal de conducción y presupone déficits de conocimiento y comprensión por parte del público. Sin embargo, los mensajes rara vez se transmiten de manera lineal desde quienes saben a quienes tienen déficit de conocimiento. Por el contrario, la comunicación suele basarse en el diálogo y la comprensión contextual y, aunque los legos tal vez sepan menos sobre la ciencia en sí, aún tienen una buena comprensión de la función social y política de la ciencia en la sociedad, es decir, tienen lo que podríamos llamar buenas antenas éticas. La crítica del anticuado «modelo de déficit de información» psicológico es una característica común de los estudios de comunicación que examinamos para esta revisión. El «modelo de déficit» supone que las audiencias son «recipientes vacíos» que esperan ser llenados con cierta información útil a propósito de la cual actuarán luego racionalmente. (2010, 99-199).

El problema de este tipo de críticas estriba en dos confusiones de naturaleza lingüística. La primera es la que no diferencia comunicación e información; la afirmación de que los mensajes «rara vez se transmiten de manera lineal» es sencillamente falsa, y el propio artículo científico en que la afirman Nerlich, Koteyko y Bown constituye un ejemplo de unidireccionalidad, como lo es cualquier artículo de prensa, cualquier documental o cualquier libro que busque alguien para *informarse* sobre el cambio climático. La segunda confusión es la que mezcla enunciaciones y enunciados; la mayor parte de la bibliografía que comentamos sobre la CCC son textos que la tratan como un todo compacto y que no analizan discursos concretos sobre el cambio climático; en los únicos casos en que recurren a datos concretos suele tratarse de encuestas o experimentos de laboratorio sobre la diferente percepción/interpretación de alternativas discursivas (noticias simuladas, por ejemplo, en Hart y Nisbet 2012; enunciados aislados en van der Linden, Leiserowitz & Maibach 2019; campañas publicitarias en Davis 2015). Sin embargo, cualquier estudioso que investigue con datos ecológicos la comunicación del cambio climático (o de discurso público en general) se verá obligado a cuestionar esa otra afirmación recogida en la cita anterior, según la cual «los legos…tienen una buena comprensión de la función social y política de la ciencia en la sociedad». Lo más lamentable es que la falsedad de esta afirmación no ha dejado de crecer desde la publicación en 2010 del artículo que comentamos.

En todo caso, pensamos que lo cuestionable no es que el enfoque cientifista asuma un déficit de saber científico en la ciudadanía, sino asumir ese enfoque predominantemente cientifista ante una ciudadanía cuya prioridad afiliativa no es el contenido referencial de los mensajes (*logos*), sino la identificación afectiva del *ethos* y el *pathos*. En este sentido, parecen mejor enfocadas las críticas de Nisbet (2009), Nisbet y Goidel (2007) o Hart y Nisbet (2012) referidas a las «pantallas perceptivas» con las que los receptores filtran la comunicación climática, pantallas que pueden ser de naturaleza partidista, ideológica, religiosa o de nivel educativo, entre otras. Estas pantallas, a veces totalmente opacas, confirman que la formación científica resulta insuficiente si no se da en el marco de una educación cívica más general, de ahí la relevancia de incluir los temas importantes de la sociedad (entre los que el dúo cambio climático/transición ecológica es un tema más) en una visión integrada de la ciudadanía y el compromiso democrático, lo que a su vez supone prestar atención a los mecanismos de participación y resiliencia social (Blanco y Gomá 2019; Brugué 2022; Pitarch *et al.* 2025).

Como señalamos, aunque existen muchas discrepancias al respecto, sobre todo por diferencias en el diseño experimental de las investigaciones (aplicación de las encuestas y redacción de los ítems que las componen), diversos autores comprueban que empeñarse en trasladar el consenso científico a la ciudadanía choca en las sociedades occidentales actuales con la renuncia psicológica de los ciudadanos predispuestos «a la contra» (Ma, Dixon y

Hmielowski 2019), mientras en sociedades del Sur Global tiende a causar la hibridación con el conocimiento enciclopédico preexistente (Schnegg, O'Brian y Sievert 2021). Aquí es imprescindible dejar claro que —pese a resultar contraintuitivo— los discursos de desmentido y verificación son contraproducentes y no aconsejables salvo en casos muy específicos (Gallardo Paúls 2025).

6.1.3. La voz activista del ecologismo y el tercer sector

Suelen agruparse bajo la etiqueta de «tercer sector» aquellas entidades que no participan de las instituciones públicas o gubernamentales pero tampoco son empresas orientadas al beneficio económico; es decir, «todo lo que no es mercado o Estado» (Cabra de Luna y de Lorenzo 2005, 100). Se incluyen, por tanto, las organizaciones no gubernamentales de desarrollo, asociaciones, fundaciones (según Nadal y Agea (2023) un 10,23% de las fundaciones españolas centran su actividad en los temas medioambientales) o el voluntariado de la sociedad civil. Su relevancia discursiva era cuestionada por Killingsworth y Palmer (1992, 7) todavía en la era predigital:

> Para el analista retórico, la insoluble resolución de problemas sociales como el dilema ambiental se debe a la incapacidad de las comunidades discursivas interesadas para formar identificaciones adecuadas mediante interpelaciones efectivas. Una de esas deficiencias, por ejemplo, es el fracaso de los grupos ambientalistas con amplios programas sociales para capitalizar la creciente preocupación pública por el medio ambiente y, por lo tanto, poner sus programas en marcha de manera permanente. Lo que es cierto para los ingenieros sociales patrocinados por el gobierno que crecieron en el movimiento conservacionista a principios de este siglo (…) es cierto también para grupos más nuevos como los ecologistas profundos, los conservacionistas de la naturaleza, los coanarquistas y los políticos verdes: han sido incapaces de crear fuertes vínculos comunicativos con el público masivo, vínculos que apoyarían una fuerte base de poder para acciones reformadoras.

Aunque los movimientos sociales ecologistas surgen a final de la década de 1960, los nuevos movimientos ecologistas en el siglo XXI tienen un carácter diferenciado que lleva a Pleyers a proponer el concepto de alteractivismo:

En el mapa de los actores sociales contemporáneos, la cultura alter-activista se sitúa entre las corrientes anarquistas y las formas de militantismo en organizaciones más clásicas, tales como asociaciones civiles, ONG, sindicatos y partidos políticos. Estos «alter-activistas» son mucho más que actores que se acercan a los «neo-anarquistas» o «futuros actores de la sociedad civil»: son actores del mundo contemporáneo, productos de sus transformaciones recientes (globalización, tecnologías digitales, individuación, etc.) pero también productores de sus vidas, de sus sociedades y de nuestro mundo compartido. Por consiguiente, para llamar la atención sobre las especificidades de esta cultura activista específica, empleo desde 2004 el neologismo «alter-activistas». El término subraya a la vez una proximidad con una parte del movimiento altermundialista y la idea de «otra manera» de ser activista. (Pleyers 2018, 17).

Los emisores del tercer sector realizan una labor de divulgación y concienciación orientada a la acción y al compromiso activo de la ciudadanía. Las grandes organizaciones, como Amigos de la Tierra, Greenpeace, World Wide Fund for Nature, Ecologistas en acción o la más reciente Fridays for future (surgida en 2018) mantienen una acción comunicativa constante en sus webs, grupos de mensajería y redes sociales, y organizan contantes campañas de concienciación y movilización. Por ejemplo, en los últimos años en España, a favor de la protección el Mar Menor (2021-2022), contra la ampliación del puerto de València (2021-2022), contra del proyecto de minería de uranio en Salamanca (2021), a favor de la protección de Doñana (2023), el movimiento «Salvemos la montaña» contra la minería de litio en Cáceres (2023) o la oposición a la macroplanta de celulosa por parte de la multinacional portuguesa Altri en Palas de Rei (2025), entre otros. Probablemente el desastre del Prestige marcó un antes y un después en la concienciación ecológica de la ciudadanía española, como lo marcó también (Darder 2004) en su gestión comunicativa.

De toda esta actividad se hace eco la prensa. Entre las voces activistas mencionadas en el corpus están las ONG, fundaciones y asociaciones cuyo marco central de actividad se refiere a la ecología y el medio ambiente, como Greenpeace, WWF, la Fundación Renovable, la Fundación Economía y Desarrollo, o ECODES. Estas voces suponen tan solo el 8% de las opiniones y declaraciones del corpus global, lo que significa que la prensa les da más importancia como voces relevantes que como sujetos de acción (su protagonismo agentivo es, como ya vimos a propósito de la actancialidad, mucho menor, con solo un 4% de los titulares):

171. Cristian Quílez, coordinador de Movilidad en Ecodes, **se refiere** con tono optimista a la estrategia de movilidad española contemplada en el Plan Nacional Integrado de Energía y Clima, que va en consonancia con la visión de la UE. «Estamos viendo un cambio en la apuesta por el transporte público, el vehículo electrificado, la movilidad compartida o el ferrocarril, que ahora va lleno, así como un tejido productivo que se está alineando en esta causa, cada vez con más instalaciones de recarga, y que va a tener que hacer frente a planes de movilidad al trabajo», **afirma**. (EM 21/03/2023).

172. En Siberia, los incendios producidos en el bosque de Taiga, ya han arrasado 4,3 millones de hectáreas, lo que ha supuesto más de 166 millones de toneladas de dióxido de carbono, **según** Greenpeace. «Nos estamos quedando sin tiempo», **alertó** ayer Mario Rodríguez, responsable de Greenpeace en España. «Nos queda una década», **apuntó** en referencia al último informe de IPCC —el grupo científico de referencia de la ONU en materia de cambio climático— en el que se pedía un cambió de rumbo radical de aquí a 2030. En concreto, los expertos señalaban que si se quiere cumplir la meta de 1,5 grados se requiere una disminución en 2030 del 45% de las emisiones de dióxido de carbono respecto al nivel de 2010. En 2050, esas emisiones deben haber desaparecido. (EP 06/08/2019).

6.1.4. La voz empresarial

Solo el 5,3% de las citas analizadas en los 240 textos del corpus construido pertenece a personalidades representativas del mundo empresarial, que proceden sobre todo del ámbito de la industria petrolera, automovilística, financiera y de consultoría medioambiental. Las citas de los textos reflejan una relación de las empresas resistente a las políticas de cambio climático, que se combina con la demanda de «financiación verde» con fondos públicos.

Por ejemplo, los empresarios de la banca muestran una preocupación por el tema, pero enfatizan su preocupación por los costos de la transición ecológica y el impacto en sus beneficios, y aunque declaran su compromiso con la financiación verde subrayan las limitaciones en su implementación; «advertir», «pedir», «reclamar», «avisar» son algunos de los *verba dicendi* que introducen sus voces:

173. La presidenta del Santander **hizo también un repaso** de los problemas más urgentes a los que se enfrenta el planeta, destacando en este sentido el cambio climático. Sus palabras **suponían un espaldarazo** definitivo a la maniobra del Gobierno de Pedro Sánchez de atraer a España, a última hora, la cumbre contra el cambio climático que iba a transcurrir en Chile y que fue desactivada por los altercados que han sacudido este país. «No hay problema más urgente que el cambio climático. Es fácil pretender que el cambio climático es algo lejano en el tiempo. Pero lo cierto es que está más cerca de lo que nos parece», **advirtió**. (EM 06/11/2019).

174. La banca **reclama** al Gobierno y a las autoridades financieras que reduzcan la «incertidumbre artificial» generada en torno al cambio climático y **pide** un reparto proporcional de los costes que derivarán de esta «revolución verde». (…) Roldán, ex alto cargo del Banco de España, **incidió** ayer en que «resulta sorprendente que todavía no tengamos una definición clara de qué es verde», al tiempo que **avisa** de los costes para la sociedad. La AEB [Asociación Española de Banca] también reclamó al Ejecutivo que lidera Pedro Sánchez que active planes concretos para impulsar la transición energética y, entre éstos, citó un plan de rehabilitación de edificios. Por su parte, el consejero delegado de BBVA, Onur Genç, **señaló** que el sector financiero debe «desempeñar un rol central en la distribución de los recursos, clave ante el reto del cambio climático». (EM 04/12/2019).

En ocasiones, el discurso empresarial admite un tono ecologista mediante el cual sus responsables se presentan como líderes impulsores de las medidas de mitigación y adaptación (algunas, obligadas por la aplicación de normativas y leyes), mientras a la vez reclaman que los procesos de adaptación sean más lentos y se les compense por las inversiones derivadas de la legislación ambiental. Los textos nos ofrecen testimonios de una industria petrolera que se resiste a abandonar los combustibles fósiles:

175. El presidente de Repsol, Antonio Brufau, **cuestionó** ayer el Plan Integrado de Energía y Clima presentado por el Gobierno español en Bruselas porque plantea unos objetivos «mucho más ambiciosos de los que pedía» la UE y **advirtió** de que España «debe ir con cuidado con los costes que tiene tomar el liderazgo» en la lucha contra el cambio climático. «No somos tan importantes en el conjunto de la UE», **dijo**. (EP 01/06/2019).

176. El **anuncio** de que Emiratos Árabes Unidos planea seguir adelante con sus planes de explotación del gas y del petróleo ha provocado una cascada de críticas por «traicionar» el acuerdo de Dubái. «Al final del día, será la demanda la que decida y dicte qué tipo de energía vamos a necesitar», **declaró** el sultán Al Yaber como contrapunto a la COP28 y en su doble papel de director ejecutivo de la petrolera Adnoc. (EM 31/12/2023).

Los testimonios de la empresa automovilística muestran compromisos con las medidas de adaptación, pero, al igual que la banca, la combinan con exigencias de apoyo financiero y la defensa del papel del sector en la economía:

177. El presidente de Grupo Volkswagen en España, Luca de Meo, **reclamó** ayer al Gobierno español un «marco estable» para la industria de la automoción, a la vez que **ha reclamado** que mantenga una posición de «neutralidad tecnológica» respecto a las diferentes motorizaciones que puedan servir las diferentes marcas en España. La **petición** llega meses después del anteproyecto de Ley de Cambio climático aprobado por el Ejecutivo que prevé impedir la matriculación de coches que emitan CO_2 a partir de 2040. «Se tiene que decidir si protegemos al 10% del PIB», **ha dicho** De Meo en un acto conjunto con los máximos responsables de las diferentes compañías de Volkswagen en España. (EP 10/04/2019).

178. La asociación española de fabricantes Anfac **denunció** ayer ante la Comisión Europea y el Consejo para la Unidad de Mercado, dependiente del Ministerio de Economía y Empresa, el proyecto de Ley de cambio climático y transición energética del Gobierno de las Islas Baleares. Este proyecto de Ley, aprobado el pasado 24 de agosto, prohibirá la circulación de coches y motos diésel a partir de 2025, excepto los que ya presentes en las islas. Y prohibirá que circulen coches, motos, furgones y furgonetas contaminantes (incluyendo los que funcionan a gasolina) a partir de enero de 2035 (con la misma excepción anterior). (…) Anfac **denuncia** que «ningún ciudadano europeo podrá acceder con su vehículo de combustión a este territorio a partir de estas fechas». Faconauto, la asociación de concesionarios, se **alineó** con Anfac al **afirmar** que «la nueva Ley pone en serio peligro el sector de la distribución». Anfac **reclama** que la Ley de Cambio climático de Baleares adelanta en 15 años los vetos propuestos por la UE y por la ministra de Transición Ecológica, Teresa Ribera, que pretenden prohibir la venta de vehículos de combustión en 2040 y su circulación en 2050. (EM 17/01/2019).

Los textos de prensa informan también sobre el fenómeno del «ecoblanqueo» o «blanqueo verde» (*greenwashing*) que encierra a veces la voz empresarial y que ha llevado a la Unión Europea a tomar medidas:

179. Según datos de la Comisión Europea, más de la mitad de las afirmaciones ecológicas de empresas y productos, desde ropa a detergentes o hasta alimentos, son «vagas, engañosas o sin fundamento». Hasta un 40% incluso carecen totalmente de base para venderse como productos respetuosos con el medio ambiente. (EP 23/03/2023).

6.1.5. Otras voces

Se han incluido en «otros», los testimonios de personas del ámbito jurídico o religioso, informes demoscópicos o las voces anónimas; también se incluyen las voces de otros medios o agencias de comunicación:

180. Lo cierto es que la Iglesia de Jesucristo de los Últimos Días, con la que es difícil no toparse en Salt Lake City, ha hecho más que rogar a Dios. Hace un par de semanas, uno de los líderes mormones, el obispo Christopher Waddell, **anunció** a un grupo de científicos y políticos reunidos en un simposio sobre el futuro del lago [el Gran Lago Salado de Utah] una donación a perpetuidad al Estado de sus derechos sobre 24 millones de metros cúbicos de agua. La aportación, reconoció el religioso, está lejos de atajar la crisis (sería necesaria una cantidad 50 veces mayor). (EP 02/04/2023).

181. El presidente alemán, Frank-Walter Steinmeier, recibió ayer al rey Carlos III con una llamada a abrir «un nuevo capítulo» con el Reino Unido tras el Brexit y elogios al compromiso del monarca británico «con el gran desafío global» que supone la lucha contra el cambio climático, **informó** Efe. (EM 30/03/2023).

Entre estas otras voces apenas se da voz a la ciudadanía, salvo la que se organiza en asociaciones. Por ejemplo, en un artículo titulado «Los gallegos están a la cabeza de Europa en la utilización del coche», Sonia Vizoso da voz a la asociación Stop Accidentes, pero las cifras sobre el uso del coche en Galicia no se acompañan de explicaciones ciudadanas para que esa tendencia sea mayor que en otros lugares (diseño urbanístico, falta de transporte público, por ejemplo):

182. Para reducir los accidentes de tráfico que se producen durante las noches de movida, el colectivo Stop Accidentes, que agrupa a víctimas de siniestros de circulación, **reclama** a la Xunta que extienda a todo el territorio gallego el servicio de buses nocturnos que se ha implantado recientemente. La portavoz de esta asociación en Galicia, Jeanne Picard, **emplaza** también a los hosteleros a «involucrarse» y ofrecer medios de transporte a sus clientes para evitar que se mezcle alcohol y volante. (EP 20/01/2007).

Ocasionalmente encontramos la voz de agricultores o pescadores que experimentan en su vida profesional los efectos de cambio climático, pero la voz ciudadana está francamente diluida, y se la incluye sin protagonismo claro.

183. Los pescadores también **dicen** que el cambio climático les está afectando, pues las pesquerías tradicionales empiezan a dar claros síntomas de agotamiento. Además, nos **informan** de que algo raro está pasando ahí abajo, pues cada vez son más comunes las capturas de peces tropicales, como la alaja, una especie de sardina dorada propia del Pacífico. (EP 02/01/2007).

184. Lo ejemplificó hace 10 días la ajustada votación sobre la moción que pretendía desactivar la Ley de la Restauración de la Naturaleza, la parte del Pacto Verde centrada en la biodiversidad. En virtud de dicha ley en 2030 los Estados miembros deberían realizar acciones con el propósito de restaurar el 20% de las áreas deterioradas en sus territorios, ya sean marinas o terrestres, y en 2050 estas acciones deberían haberse aplicado a todas esas áreas. Es lógico que agricultores y pescadores **reaccionen oponiéndose** a la nueva ley, otra más sumada a las que condicionan el desarrollo de un sector más bien precarizado. (EP 23/07/2023).

185. El último Eurobarómetro publicado el pasado octubre **recogía** que solo el 25% había oído hablar de las normas de calidad del aire en la UE y que, puestos a reforzarlas —lo que piden siete de cada 10— la mejor herramienta es aplicar controles más estrictos a la industria y la producción de energía. Luego, favorecer los medios de transporte con bajos niveles de emisiones. (EM 09/01/2023).

En su descripción de los movimientos sociales alteractivistas, Pleyers (2018, 46) diferencia dos vías (dos «gramáticas de acción») mediante las cuales los actores y movimientos sociales construyen su agentividad: la vía de la razón, que se apoya en el cuestionamiento del neoliberalismo con datos científicos y técnicos, y la vía de la subjetividad, que se basa en la experiencia vivida, tanto colectiva como individual; la vía de la subjetividad es la que lleva a la ciudadanía a pensar que el cambio comienza en la propia acción ecológica. Por supuesto, dada la magnitud del problema, resulta evidente que la subjetividad y su consiguiente «ética climática individual» (Fragnière 2016) no son suficientes para solucionarlo, pero lo cierto es que dar mayor visibilidad en el discurso mediático a los testimonios individuales podría contribuir a matizar la comunicación sobre la transición ecológica. Los datos, sin embargo, muestran una silenciación de la voz ciudadana que permite cuestionar la intención comunicativa última de esta cobertura periodística. Aunque en muchos reportajes y noticias se enuncian medidas que definen una suerte de «ciudadano/lector sostenible», el discurso global no parece demasiado preocupado por lograr la adhesión de las audiencias a esas posiciones. Esta situación no se da en otros ámbitos temáticos y, como hemos señalado, lo que más llama la atención es la poca presencia de los ciudadanos anónimos, junto a la de los colectivos ecologistas.

En las «otras voces», por último, se incluye también la voz negacionista, a la que dedicamos el siguiente apartado.

6.2. Alineamiento textual: textos que dialogan con otros textos

6.2.1. Los textos periodísticos como parte del trenzado conversacional público

La estrategia dialógica del encuadre, como acabamos de ver, introduce en el texto propio voces ajenas a las del redactor, unas voces que funcionan en general como fuentes periodísticas y permiten al discurso mediático introducir las posiciones complementarias o discrepantes en torno a un tema. Al hablar de la *estrategia de alineamiento*, sin embargo, ya no nos referimos a las voces del enunciado sino a las de la enunciación; es decir, situamos el texto periodístico en la cadena conversacional de la esfera pública. Esta dimensión del discurso mediático responde a la función del periodismo como actor político, tanto en el sentido clásico de que la prensa puede condicionar la opinión pública respecto a las políticas —por ejemplo mediante los procesos de establecimiento de agenda, encuadre y preactivación (Lippman 1922; Cohen 1937; McCombs y Shaw 1972)—, como en el sentido de que la clase política y gubernamental se apoya a su vez en la prensa para desarrollar su labor (Cook

1998), convirtiendo la política en acción no solo mediática, sino mediatizada (Mazzoleni 1998; Castells 2009):

> Aunque la interpretación del concepto de poder no coincida en las distintas escuelas, ninguna cuestiona el papel imprescindible de los medios en la palestra política. En esta posición ampliamente compartida por la comunidad científica se apoya el enfoque de la mediatización de la política, según el cual la actuación política pública se produce en la actualidad dentro del espacio mediático o depende en una medida significativa de la actuación de los medios (Mazzoleni 1998, 28).

El concepto de «alineamiento» procede del análisis conversacional y se refiere (Stivers 2008) al mantenimiento de los papeles participativos en las secuencias narrativas, pero ampliamos su enfoque para referirnos al trenzado de los discursos que configuran la comunicación pública en torno a un tema. Corresponde, por tanto, a piezas periodísticas que presuponen un texto previo y reaccionan al mismo. Véanse, por ejemplo, estos titulares del corpus, en los que, al introducir la negación, se evoca como presuposición una enunciación previa:

186. El cambio climático no tiene ideología (EM 26/10/2007, editorial).
187. Los derechos fundamentales no se votan (EP 21/12/2019).
188. La economía verde no es ideología (EP 02/07/2023).

Los textos de opinión, sobre todo los editoriales, son especialmente idóneos para incluir esta estrategia de encuadre en los discursos periodísticos. Nuestros datos no proporcionan los suficientes editoriales como para un análisis específico, pero el estudio de Blanco, Quesada y Teruel (2013) referido a los publicados por *El País*, *La Vanguardia* y *El Mundo* entre 1997 y 2011 recoge una diferencia clara entre *El País* y *El Mundo*:

> En líneas generales, *El País* muestra de manera continuada su preocupación por el cambio climático y además lo considera un hecho probado. Comulga plenamente con el consenso científico y en ningún momento deja espacio para el escepticismo, aunque su opinión solo se sustente esporádicamente en fuentes expertas, lo que supone una carencia significativa a la hora de sustentar su argumentación.

El diario *El Mundo* no presenta una trayectoria editorial tan coherente
como la de *El País*, sino que se caracteriza por una evolución a lo largo
de los años. Parte de una baja presencia editorial del tema (es el medio
que menos editoriales publica) y de la incredulidad o cierta desconfianza sobre la realidad del cambio climático, para pasar a mostrar mayor
preocupación y cobertura editorial hacia el final del periodo analizado»
(2013, 426).

Como refleja la cita, los editoriales referidos al cambio climático se utilizan para expresar la posición del medio respecto a pronunciamientos previos
de científicos y políticos; cabe pensar, por tanto, que en este nivel discursivo
los textos periodísticos forman parte de ese diálogo que se entreteje entre las
distintas voces de la esfera pública, en el que los medios actúan como actores
específicos (unos actores que remiten al concepto clásico de «cuarto poder»).
Y para el tema que nos ocupa, en este diálogo asume una posición central la
brecha entre ciencia y política. En este sentido, en su estudio de 363 textos
sobre la cobertura del CC en periódicos españoles entre 2000 y 2010, Lopera y Moreno (2014, 13) señalaban una presencia reducida del negacionismo
climático:

> En el 9% de la muestra analizada, los periódicos españoles también pue-
> den haber creado incertidumbre científica al negar o cuestionar la exis-
> tencia del cambio climático, haciendo hincapié en los errores científicos
> y la escasez de información científica disponible. El porcentaje medio de
> la muestra total fue superado por el diario financiero Expansión (29%) y
> por *El Mundo* (17%). No es sorprendente que Expansión se dirija a la élite
> empresarial española.

Es evidente que en los once años que han transcurrido desde ese análisis
se han producido dos movimientos discursivos contradictorios entre sí: por un
lado, el consenso científico sobre el cambio climático no ha dejado de conso-
lidarse y, por otro, las voces negacionistas del antiintelectualismo populista,
sobre todo de derecha radical y extrema derecha, ha ido ganando presencia
en la esfera pública, en parte debido al modo en que los medios amplifican
constantemente, y acríticamente, las declaraciones de ciertos políticos de tendencia histriónica, como Donald Trump, Jair Bolsonaro, Javier Milei, Santiago Abascal o Isabel Díaz Ayuso, por citar solo los más replicados en la esfera
mediática reciente.

6.2.2. La construcción de un discurso contranegacionista

Si tenemos en cuenta el esquema general de flujos comunicativos que recogíamos en el Gráfico 8, vemos que existe una modalidad de discurso periodístico del cambio climático que hemos denominado «contranegacionista». Con esta idea nos referimos al hecho de que la prensa participa de la cadena de la conversacional pública e intenta dar respuesta a los turnos (reactivos y reaccionarios al discurso científico) del negacionismo climático. Es interesante detenerse en la reiteración de algunas afirmaciones por parte de los dos periódicos; en esto, hay que recordarlo, los medios no hacen sino reflejar el discurso del propio IPCC. Préstese atención a estos titulares:

189. Calentamiento humano (EP 03/02/2007, editorial).
190. «El hombre, responsable del cambio climático» (EP 03/02/2007).
191. Responsabilidad irrefutable de la actividad humana (EP 31/03/2007).
192. Los gobiernos aceptan atribuir al hombre el calentamiento global (EP 14/11/2019)
193. La evidencia avalada por 2.500 científicos de la ONU demuestra que el cambio climático es real (EM 24/10/2007).

Las grandes afirmaciones del negacionismo climático son bien conocidas, y son en sí mismas enunciados de orientación reactiva y mínimo nivel argumentativo; funcionan casi como eslóganes. Aunque con frecuencia se mueven entre la indefinición y las contradicciones, pueden resumirse en los siguientes puntos (Dunlap y McCright 2008; Martín-Sosa 2021), para los que ambos diarios construyen refutaciones más o menos explícitas:

1. Los cambios climáticos son un proceso natural y una constante en la historia del planeta, nos encontramos ante uno más. No cabe, por tanto, plantear un origen antropogénico que defina «un» cambio climático diferenciado de otros.

194. El cambio climático, desencadenado por los gases de efecto invernadero que expulsa la humanidad, es el principal responsable de la situación de excepcionalidad en la que está el planeta. El mes pasado ha sido, por mucho, el octubre más cálido que se ha documentado desde que existen registros fiables. Estos arrancan en 1850, aunque algunos científicos paleoclimáticos sostie-

nen que la superficie del planeta no tenía una temperatura tan cálida desde hace varias decenas de miles de años. (EP 09/11/2023).

2. No hay consenso científico en torno a las causas del cambio climático.

195. Sí, 1.600 científicos firmaron el mes pasado la declaración No hay emergencia climática. Parecen muchos, pero como la cosa va de datos, *Skeptical Science*, el sitio web especializado en analizar la información que se genera sobre el clima, ha investigado y concluido que en el 97% de los artículos publicados por expertos climáticos hay consenso sobre las causas y las graves consecuencias. (EM 27/10/2023).

3. Las medidas para reducir las emisiones de gases de efecto invernadero dañan la economía y suponen la pérdida de puestos de trabajo[58].

196. El presidente en funciones [Pedro Sánchez], que se ha colocado en el lado de quienes defienden este tipo de políticas [aumentar la inversión en «fondo verde»] frente a los que se sitúan con la Administración de Donald Trump, que rechaza incluso los objetivos de la cumbre de París, explicó que gracias a este plan se crearán entre 250.000 y 364.000 nuevos empleos solo en España. (EP 24/09/2019).

4. La crisis climática es una invención de los partidos y líderes progresistas.

197. El líder de La Libertad Avanza [Javier Milei] cree que el cambio climático es «otra de las mentiras del socialismo» y rechaza el Acuerdo de París, que Argentina firmó en 2015, porque él no se adhiere, asegura, al «marxismo cultural». Las posturas del ultra tienen eco en las de otros miembros de su partido. La vicepresidenta electa, Victoria Villarruel, repudió en la campaña

---

[58] Una entrada del blog del partido Vox del 07/02/2024 resume a la perfección el *totum revolutum* típico de las posiciones conservadoras contra la idea del cambio climático (no ya contra su existencia, sino contra el propio concepto). La entrada se refiere a una intervención de su presidente en el Congreso de los diputados, y se titula: "Abascal: ¿Pacto verde, transición ecológica, Agenda 2030?; es un plan de despidos masivo para el sector primario, la industria y el transporte'".

la creación de parques nacionales y el diputado electo Bertie Benegas Ly-
nch sostuvo que «el problema del medio ambiente se resuelve con derechos
de propiedad». «¿Por qué las gallinas y las vacas no se extinguen? Porque
hay un propietario, porque hay un uso económico», fue su razonamiento.
Sus tesis son similares a las del expresidente de EE.UU. Donald Trump, o
en las del expresidente brasileño de extrema derecha Jair Bolsonaro. (EP
01/12/2023).

En ambos diarios encontramos textos que se posicionan en contra de estas
posturas, aunque es posible detectar ciertas diferencias de matiz. De forma
general podemos afirmar que las diferencias no son tan marcadas como las
que recogían Blanco, Quesada y Teruel (2013), aunque sí puede afirmarse que
El Mundo mantiene una posición menos definida en lo referente a los grandes
argumentos negacionistas, mientras *El País* no deja (apenas) resquicios para
ellos y su recurso a los editoriales es de claro posicionamiento a favor de la
ciencia y lamentando la incoherencia de los gobiernos. Esa ambigüedad de
El Mundo la rastreamos, por ejemplo, en las insistentes preguntas de algunas
entrevistas; véanse a continuación las planteadas a Juan Negrillo, presentador
en España del proyecto de Al Gore *Climate Change*, en una entrevista realizada por Pablo Herráiz para *El Mundo* (25/01/2007):

198. Pregunta. La historia de la Tierra está plagada de cambios climáticos naturales: glaciaciones, sequías… ¿Realmente es para tanto que ahora esté volviendo a cambiar?
Respuesta. Para mí el escándalo no es que el clima cambie, sino que lo cam-
biemos nosotros.
P. ¿Pero se debe exclusivamente a la culpa del ser humano?
R. Cuando miro los datos, veo que el hombre es capaz de hacerlo. Estamos
cambiando la composición de la atmósfera: ha habido periodos en que estaba repleta de carbono, y otros en que tenía menos que ahora. Lo que pasa es
que esos cambios llevaban miles de años, ahora han sido décadas.
P. Pero una sola erupción volcánica también puede cambiar la composición
de toda la atmósfera.
R. Sí, pero en la historia del planeta nunca ha habido una concentración de
CO_2 mayor a 300 partes por millón, y ahora estamos casi en 500.
P. En cuanto a la temperatura, parece que los datos son muy claros: ha subido.
¿Y las precipitaciones, han cambiado? Se supone que todos los años llueve lo
mismo en la Tierra, aunque no en los mismos sitios.

R. Los datos dicen que la precipitación global ha aumentado, también como consecuencia del aumento de temperatura. Lo que ocurre es que ha cambiado la distribución de las precipitaciones. En España ha cambiado.

P. Pero no se conoce bien el funcionamiento del clima y por eso no es predecible a más de siete u ocho días. Eso hace muy abstracto hablar de cambios climáticos.

R. Precisamente por eso hay muchas incógnitas. Hay variables como la temperatura o la salinidad del mar que sí son objetivos, y con ellos investigamos. Sí podemos saber que si se derrite la Antártida va a subir el nivel del mar.

P. El problema es saber si se derretirá.

R. Lo cierto es que desde el último gran cambio, la glaciación de hace 10. 000 años, el clima es idóneo para la vida y el desarrollo.

Otro tipo de textos en los que se abre la puerta al negacionismo es, como hemos señalado, el de las columnas de opinión. Cuando una columna defiende el negacionismo científico respecto a cualquiera de sus argumentos, está asumiendo una posición reactiva, que responde a la voz mayoritaria del consenso científico, motivo por el que las incluimos en un encuadre de encadenamiento dialógico. He aquí un ejemplo de 2019, cuya naturaleza reactiva (y despreciativa) resulta evidente:

199. Europa declara el estado de emergencia climática. Sí, y yo declaro que me va a tocar el gordo esta navidad. Los chicuelos se echan a la calle con pancartas en las que avisan a los políticos de que su paciencia se está agotando. Tengo ahora ante los ojos una fotografía que parece tomada en el mayo francés. Una hilera de chicas monísimas y de chicos pijísimos vociferan consignas ultraecológicas y se lo pasan pipa. La bruja Greta avanza hacia Portugal no a horcajadas de una escoba, sino en la hamaca de un catamarán de lujo para desplazarse desde Lisboa hasta Madrid en un automóvil detox y montar en la cumbre del clima el numerito que tantos réditos le da. («Brindis al sol», Fernando Sánchez Dragó, EM 01/12/2019).

En ocasiones, como refleja el siguiente ejemplo, los textos establecen un diálogo implícito con los líderes y partidos políticos; el fragmento texto pertenece a una columna de la sección anónima «Impresiones», titulada «El cambio climático no tiene ideología» (27/10/2007). Obsérvese el intento de proteger al presidente del Partido Popular respecto a sus propias declaraciones («desafortunado comentario», «no fue más que un desliz»), en una muestra evidente del paralelismo político del medio:

200. *El Mundo* siempre ha defendido que la cuestión del cambio climático no puede interpretarse en clave ideológica. El hecho de que la visita del demócrata Al Gore a España coincida con el abanico de propuestas concretas que ayer presentó Sarkozy para luchar contra este fenómeno global —como la implantación de una ecotasa— demuestra que es así. Resulta por eso positivo que el presidente del PP despejase ayer las dudas sobre su posición respecto a esta cuestión, asegurando que él es «un defensor del medio ambiente», que ha creado una comisión en su partido para buscar propuestas contra el calentamiento global y que cuando gobernaba demostró con hechos su preocupación por este tema al firmar el Protocolo de Kioto, cosa que no hizo EE.UU. cuando Al Gore era vicepresidente. Pese a que el PSOE, a juzgar por sus manifestaciones y su reciente campaña, va a seguir sacando punta al desafortunado comentario de Rajoy sobre «su primo», sus posteriores declaraciones revelan que lo de Palma de Mallorca no fue más que un desliz que no se corresponde con la política del PP. Mejor así, pues de haber sido de otra manera el coste electoral sería grande. Lo que ayer volvió a defender Rajoy es que, mientras se toman medidas contra el cambio climático, «ni se puede ni se debe transmitir una visión apocalíptica» de la cuestión. En ello no le falta razón, especialmente cuando los científicos están de acuerdo en la existencia del problema, pero no en su magnitud. (EM 27/10/2007).

Textos como este permiten concluir que los alineamientos de *El Mundo* con el consenso científico constituyen una especie de enorme concesión ciceroniana («sí, pero…») mediante la que busca equilibrios para que ese alineamiento positivo con la ciencia no suponga un alejamiento de su línea editorial en lo político. De ahí textos como el del siguiente editorial, de 2019:

201. Rigor contra el cambio climático sin alarmismo. (…) Los ansiados objetivos de desarrollo sostenible, que pasan por reducir la emisión de gases de efecto invernadero y por un paulatino proceso de descarbonización de nuestra economía, no se alcanzarán travistiendo la emergencia climática en un arma partidista ni con augurios apocalípticos, sino con el rigor que merece un asunto

del que depende ya no el futuro, sino el presente del planeta. En este sentido, tan irresponsable es la actitud de cierta izquierda que busca apoderarse de la ideología climática como la de los negacionistas *per se*. (editorial, EM 07/12/2019).

La voz del periódico, en suma, se posiciona a favor del consenso científico, pero buscando el equilibrio con su defensa de los partidos y líderes negacionistas. El siguiente fragmento se refiere a las mismas afirmaciones de Mariano Rajoy que en 2007 negaban la existencia del cambio climático escudándose en la autoridad de un primo suyo:

202. El Partido Popular soltó ayer el lastre del primo de Rajoy con el que cargaba en su imagen política desde octubre, tras el desafortunado comentario de su presidente sobre el Cambio climático. Y lo hizo con el lanzamiento, precisamente, de una apuesta programática en favor de una Ley Integral de Lucha contra el Cambio climático. De hecho, esta fue una de las pocas apuestas de calado presentadas en público en la segunda jornada de la Conferencia Política del PP que, un día más, quedó reducida a una sucesión de discursos de dirigentes de segundos niveles sin trascendencia mediática, a la espera del macromitin en el que hoy Rajoy desvelará sus principales ofertas. (EM 18/11/2007).

Los editoriales de *El País*, sin embargo, se posicionan tajantemente a favor de las medidas de transición ecológica, explicitando la necesidad de asumir su coste tanto económico como social:

203. Hacen falta, pues, líderes políticos que miren a largo plazo y apuesten de forma nítida por la transición ecológica al tiempo que impulsan medidas que sirvan para paliar los perjuicios que el nuevo modelo pueda causar en sectores concretos. Para eso nació el concepto de Transición Justa —hoy incorporado a muchos acuerdos internacionales y a diferentes estrategias europeas—, para garantizar que la transición avanza a buen ritmo sin dejar en la cuneta a los damnificados. Otro mundo es posible, pero es más caro. Por ahora. (EP 15/11/2023. Editorial «Naturaleza restaurada»).

204. La necesidad de hacer la transición energética de forma rápida no exime sino que obliga, en realidad, a introducir dinámicas de concertación, negociación y acuerdos con el territorio y el conjunto de los agentes implicados, aunque

eso pueda llevar un tiempo de tramitación más dilatado. Las discrepancias pueden comportar retrasos en los múltiples pasos que suponen estas iniciativas, e incluso pueden llevar en el peor de los casos a su judicialización. De ahí que sea imprescindible cuidar con suma atención tanto el territorio donde se instalan como la forma en que se llega a acuerdos. Solo funcionará una potente política de Estado en favor de estas nuevas energías si no deja a su paso un reguero de víctimas, de desperfectos evitables o de acuerdos precipitados. (EP, 21/02/2023. Editorial «Renovables sin atropellamiento»).

Un factor relevante, y positivo, es que el corpus no muestra insistencia en el discurso de desmentido explícito; salvo en algunos casos puntuales, el discurso que estamos llamando contranegacionista se construye sin recurrir a la amplificación de las retóricas populistas anticientíficas, con un discurso afirmativo e informativo. Esto es positivo porque los desmentidos y verificaciones, que intuitivamente parecen la medida más fácil de contrarrestar las falsedades, tienen un efecto contraproducente que termina por anular su impacto positivo. Este efecto contraproducente está comprobado en tres sentidos (Gallardo 2025, 152):

1. Los desmentidos y verificaciones suponen colaborar en la difusión de los bulos.
2. Exigen más energía discursiva (cognitiva) que las correspondientes falsedades.
3. En los casos de negacionismo o indiferencia, activan la renuncia psicológica y pueden reforzar las creencias «a la contra».

El siguiente fragmento ejemplifica cómo se introduce el contranegacionismo en un editorial de *El País* sin necesidad de dar voz explícita al negacionismo, saliendo al paso de las posibles objeciones en un movimiento textual afirmativo:

205. En la imaginación del futuro a menudo prevalece la expectativa de la destrucción de empleo que la transición ecológica puede provocar en algunos sectores de la economía antes que la necesidad de preparar las estructuras educativas capaces de cubrir la creciente demanda de trabajos hoy inexistentes o muy minoritarios. Según el Informe Global de Competencias Verdes 2022 de LinkedIn, las ofertas de trabajo en energías renovables y medio ambiente se han duplicado en Estados Unidos en

los últimos cinco años, mientras que las del sector de los combustibles fósiles solo han crecido un 20%, y se espera que las primeras superen a las segundas en el próximo año. Es una tendencia de alcance global en la que también incide el Informe sobre el Futuro del Empleo 2023 del Foro Económico Mundial, recientemente publicado. (EP 18/05/2023, Editorial «El empleo verde del futuro»).

El mismo recurso aparece en este fragmento de un texto de Manuel Planelles («La OCDE advierte del coste multimillonario de ignorar la subida del nivel del mar»), en el que se introduce también el subtema del impacto económico; el redactor incluye un discurso afirmativo sobre el origen antropogénico que no da espacio al negacionismo explícito:

206. El calentamiento causará un aumento de 1,3 metros en este siglo si no se toman medidas, lo que supondrá daños de 44 billones anuales. El aumento del nivel del mar —y las inundaciones y desastres asociado— es uno de los retos más importantes relacionados con el cambio climático. A ese calentamiento ha contribuido la acción del hombre por la emisión durante décadas de gases de efecto invernadero, según concluyen la mayoría de los científicos. También defienden esa vinculación entre el hombre y el cambio climático la inmensa mayoría de las instituciones internacionales, como por ejemplo, la OCDE (Organización para la Cooperación y el Desarrollo Económicos), que lleva años advirtiendo de los riesgos económicos del calentamiento. La OCDE presentó ayer un informe específico sobre el incremento del nivel del mar y sus impactos en el que advierte de los multimillonarios costes que implicará ignorar ese problema. (EP 07/03/2019).

6.3. Cambio climático y politización: el encuadre afiliativo de los textos

Por último, es muy importante ser consciente de la manifestación política asociada a los mensajes sobre el cambio climático —especialmente a los negacionistas—, lo que en la teoría del encuadre discursivo se llama *estrategia afiliativa*. El encuadre afiliativo se refiere a la interpretación ideológica que hacen los destinatarios de un texto, y al modo en que el propio texto puede generar en ellos la afiliación o la discrepancia. Y puesto que existe correlación entre ideología y consideración del problema climático/ecológico, cabe afirmar el encuadre afiliativo es fundamental en nuestro corpus.

Aunque no tenemos datos reales sobre la reacción de los lectores empíricos de *El País* y *El Mundo*, la teoría de Eco (1979) sobre el lector modelo como función del texto nos permite dedicar este apartado a los destinatarios del discurso sobre el cambio climático. Véase en el siguiente texto cómo el propio autor, Daniel Viaña, sale al paso de las connotaciones ideológicas de su lector modelo, para desarticularlas mediante un concesivo «claro está» que las legitima:

207. «El cambio climático va a acelerar la necesidad recaudatoria y la posición actual de España no parece sensata. España está por debajo de la media de la UE, que tampoco es que haya utilizado de manera muy profusa la fiscalidad medioambiental», explicaba ayer Xavier Labandeira, catedrático de Economía en la Universidad de Vigo, en las jornadas sobre fiscalidad medioambiental que organizó Esade en Madrid. «Hay una infrautilización de los impuestos indirectos, y uno de los más infrautilizados es la fiscalidad ambiental, lo que especialmente se explica por los impuestos sobre hidrocarburos», incidió en el mismo sentido David López Rodríguez, economista de la división de Análisis Estructural del Banco de España. Labandeira y López Rodríguez formaron parte del comité de expertos para la reforma fiscal que creó la ministra de Hacienda, María Jesús Montero, y cuyas propuestas se quedaron paralizadas por la invasión de Ucrania por parte de Rusia. Pero en ese texto ya se recogía la necesidad de actuar sobre la fiscalidad medioambiental. De ir mucho más allá de los pequeños pasos que el Gobierno ha dado en la fiscalidad verde. Se podría pensar, claro está, que la posición de ambos está vinculada a la del actual Ejecutivo, y que existe un cierto componente ideológico. Pero lo cierto es que la necesidad de actuar sobre este ámbito fiscal es algo que cada vez más expertos apuntan, y que trasciende al Gobierno de Sánchez. (EM 26/04/2023).

El análisis de programas electorales o las declaraciones de líderes confirma esta correlación entre los partidos políticos y la consideración del cambio climático (Armitage 2005; Dunlap y McCright 2008; Gutiérrez 2016; Lassa y Toboso 2018). El siguiente fragmento del corpus, perteneciente al texto de *El País* titulado «Uno de cada cuatro españoles está deprimido por la inflación», recoge esta realidad no ya en los partidos y líderes, sino entre la propia ciudadanía española, a partir de una encuesta realizada por la empresa demoscópica 40dB:

208. Pero la gran brecha ideológica se aprecia en dos asuntos, de tal modo que se puede establecer una exacta y paulatina escala de opiniones de izquierda a derecha y viceversa. Uno es el cambio climático, al que aluden el 64% de los votantes de Sumar, el 52% de los socialistas, el 36,3% de los populares y el 22,5% de los de Vox. Y otro, los flujos migratorios, percibidos como una amenaza por el 57% de los de Vox, el 43% de los del PP, casi el 21% de los del PSOE y un reducidísimo 8,3% de los de Sumar. (EP 06/11/2023).

No puede extrañar, por lo tanto, que la politización del cambio climático sea uno de los grandes tópicos que recorre tanto el discurso político como el mediático. Pero antes de profundizar en esta idea conviene establecer ciertas premisas:

1. Muchas veces se llama «politización» a lo que en realidad es simple y llanamente política; la defensa (o el descuido) de la sostenibilidad y del medio ambiente son opciones políticas, ideológicas.
2. «Politizar» es añadir un valor político a realidades que, usualmente, carecen de él; por tanto, cuando se utiliza el concepto de politización para atacar a ciertas posiciones ideológicas se pretende la falsa premisa de que las medidas contra el cambio climático son políticamente neutras[59].
3. La politización es una instrumentalización que opera sobre el discurso climático/ecológico y puede darse tanto en la emisión como en la recepción; pero en ambos casos es un discurso reactivo.

6.3.1. Discurso climático/ecológico y política

Como decíamos, es un hecho comprobado que los partidos conservadores y la derecha radical coinciden en su negativa a reconocer la crisis climática, sobre todo por motivos socioeconómicos e ideológicos (incluyendo la consideración de la naturaleza) que se ajustan a sus bases electorales; esta asociación es recogida por la cobertura mediática:

[59] Debido al triunfo de la connotación en el discurso público actual, se ha llegado al punto de que los representantes políticos utilizan el término como algo negativo; se acusan entre ellos de tomar ciertas decisiones por política, por ejemplo, o presumen de que aspiran a «despolitizar» o «desideologizar» sus acciones (Gallardo Paúls 2024b, 101). Es cierto, como afirma uno de los titulares del corpus, que «el cambio climático no tiene ideología»; pero, ciertamente, su abordaje la tiene siempre.

209. La ultraderecha amenaza el medio ambiente (EP 02/07/2023)
210. Fracasa el primer asalto del PP europeo en la Eurocámara a una ley medioambiental clave (EP 16/06/2023).
211. En el anuncio en sus redes sociales, [el primer ministro británico Rishi] Sunak (…) llegó incluso a decir que la negativa laborista de ampliar la explotación de gas y petróleo «protege empleos rusos». El mensaje es que el laborismo «arriesga la seguridad» del país, mientras los conservadores «protegen los trabajos británicos» y «refuerzan la seguridad», facilitando «más energía al Reino Unido desde el Reino Unido». Todo ello sin amenazar, según él, el objetivo de cero emisiones netas en 2050. (EP 01/08/2023).

Como consecuencia de esta posición genérica, resulta esperable que el paralelismo político de los periódicos confirme estas asociaciones. Ya los estudios pioneros de Boykoff y Boykoff (2004) o Boykoff (2009) para EE.UU. proponían que el cambio climático es, efectivamente, un tema muy marcado políticamente y que esto se refleja en la prensa según las tendencias ideológicas de cada medio (Nisbet 2009; Dotson, Jacobson, Kaid y Carlton 2012; Nisbet, Cooper y Ellithorpe 2014; Arcila-Calderón *et al.* 2015; Stecula y Merkley 2019). Algunos estudios posteriores, sin embargo, ponen entre paréntesis esa asociación constante, señalando que los medios conservadores pueden mostrarse más abiertos a incluir posiciones escépticas (Capstick y Pidgeon 2014; Kaiser y Rohmberg, 2015; Schmid-Petri 2017) pero sin llegar a sostener posturas abiertamente negacionistas. Y efectivamente, esta es nuestra experiencia con *El Mundo* respecto a *El País*. La diferencia más evidente entre ambos periódicos afecta a la intensidad de la cobertura, como vimos al presentar el corpus, y coincide con los hallazgos de otros estudios previos (Blanco, Quesada y Teruel, 2013; Fernández-Reyes, 2010; Parratt, Mera y Carrasco 2020). Esa intensidad se manifiesta tanto en el número de piezas que abordan el tema como en su ubicación en portada o el número de editoriales.

6.3.2. Politización del discurso sobre el cambio climático

Consideramos politización del discurso climático su instrumentalización a partir de las connotaciones que introducen los mensajes, sobre todo mediante la estrategia léxica; en la teoría del discurso mediático esta connotación encaja completamente en el concepto de preactivación (*priming*), propuesto en el marco teórico del establecimiento de la agenda, pero que sin duda enlaza con las teorías clásicas de la aguja hipodérmica (Price y Tewksbury 1997; Scheufele 2000; Scheufele y Tewksbury 2007).

La politización puede ser realizada por los emisores, y los medios de comunicación pueden amplificarla ecoicamente, como ocurre en este titular de *El Mundo* (07/10/2019), que simplemente cede la voz al líder de derecha radical español:

212. «La emergencia climática es una trampa del marxismo» (EM 07/10/2019).

Esta instrumentalización del discurso por parte de la derecha no es en absoluto novedosa, y sigue el mismo patrón que iniciaron los paleoconservadores estadounidenses cuando inventaron el concepto de «lenguaje políticamente correcto» en los años 90 (Gallardo Paúls 2024b, 163).

Pero la «politización» del discurso relacionado con el cambio climático se relaciona especialmente con el modo en que los receptores interpretan los mensajes prescriptivos —los que pretenden intervenir en sus acciones—, y la motivación que los lleva a dar o no crédito a tales mensajes. Druckman y McGrath (2019), Bayes y Druckman (2021), y Bayes, Bolsen y Druckman (2023), entre otros, recurren a la teoría del razonamiento motivado; señalan que cuando los mensajes sobre el cambio climático tienen ilocutividad directiva, el receptor tiende a interpretarlos teniendo en cuenta si la interpretación en cuestión le permite, o no, mantener sus opiniones previas o su identidad grupal. Esto explicaría que los republicanos estadounidenses rechacen los mensajes sobre el consenso científico en torno al cambio climático mientras los demócratas lo aceptan, pues ambas acciones confirman en cada caso sus creencias previas y su identificación de grupo. Bayes, Bolsen y Druckman (2023, 19) justifican así la polarización partidista/ideológica sobre el cambio climático: «Este tipo de dinámica motivacional (razonamiento motivado direccional) es coherente con la polarización partidista observada sobre el cambio climático».

La afiliación política asociada al mensaje no es, obviamente, el único factor que interviene en el proceso de recepción de los mensajes sobre el cambio climático; también es fundamental la precisión del mensaje. Si el mensaje es preciso y resulta creíble, y si el receptor está motivado en algún grado, puede abandonar sus creencias previas para alinearse con la voz de los expertos. También puede ocurrir que algunos destinatarios prioricen la ciencia sobre la polarización política, de manera que los mensajes sobre el consenso científico funcionarían como propone la teoría GBM (*Gateway*

Belief Model), casi concediendo a la personalidad científica un carácter de «influencer».

Chinn, Hart y Soroka (2020) subrayan la confluencia de politización y polarización en la cobertura de la información medioambiental de la prensa estadounidense entre 1985 y 2017. Esta adhesión a los prejuicios y la identificación partidista se ve alimentada en parte por la propia naturaleza de la comunicación climática, normalmente centrada en la incertidumbre, imprecisa y emplazada a futuro. Esta comunicación de riesgo —a diferencia de la comunicación de crisis, incrustada en lo real— facilita que «las personas queden así liberadas para argumentar y actuar a partir de creencias, convicciones, prejuicios y supersticiones preestablecidas» (Adams 2007, 39); es decir, no a partir de hechos y datos.

Por su parte, Hart y Nisbert (2012) comprueban, de hecho, que, ante situaciones concretas que activan (o no) la empatía, la predisposición ideológica de las audiencias potencia la polarización ante el cambio climático de los estadounidenses; su marco de trabajo no es la comunicación periodística sino la científica/divulgativa. En una investigación con 240 informantes adultos comprobaron que la identificación empática con posibles víctimas de la emergencia climática estaba condicionada por la afiliación partidista; los autores identificaron un «efecto bumerán» en los participantes republicanos, de tal manera que si las supuestas víctimas del cambio climático no les suscitaban la identificación empática, aumentaba su rechazo a las políticas de mitigación:

> la exposición a los mensajes activaba el razonamiento motivado en los participantes, lo cual acentuó la polarización entre demócratas y republicanos en sus preferencias políticas a través de diferencias en la identificación con las víctimas del cambio climático. Entre los demócratas, la exposición a mensajes que contenían marcas de baja o alta distancia social aumentó el apoyo a la mitigación del cambio climático. Al mismo tiempo, entre los republicanos, la exposición a marcas de baja distancia social no produjo cambios significativos respecto al grupo control, mientras que la exposición a señales de alta distancia social sí redujo el apoyo a las políticas de mitigación.

Este tipo de análisis sobre la politización del discurso climático nos conduce a plantearnos un apartado específico sobre quiénes son esos destinatarios que politizan —*o para los que se politiza*—, tal discurso.

6.3.3. Los destinatarios del discurso sobre el cambio climático

Antes de la eclosión digital y la eclosión populista que protagonizan la comunicación del siglo XXI, Killingsworth y Palmer (1992) tenían en cuenta solo dos tipos de receptor para la escritura sobre el tema medioambiental: la que respondía a intereses académicos (los científicos), y la motivada por intereses políticos o personales (donde incluían «personas dedicadas a ajustar el pensamiento y la acción en el cambio de las condiciones de vida humanas», es decir, funcionarios, activistas, granjeros, agricultores o los que llamaban «místicos de la naturaleza»). Sin embargo, podríamos decir que los destinatarios actuales incluyen a todos los habitantes del planeta (al menos, todos los que tienen conexión a Internet), lo que supone un enorme desafío para incorporar a los mensajes la segmentación de audiencias contextualizada (Rabinovich, Morton y Birney 2012; Wonneberger, Meijers y Schuck 2020). Además, junto a la segmentación habitual de la ciudadanía que exige la construcción del mensaje en la esfera pública (sexo, edad, nivel cultural, procedencia geográfica y económica), en la comunicación sobre el cambio climático es relevante una distinción cognitiva que se acompaña de matices ideológicos altamente polarizados.

Inicialmente, la CCC del siglo XXI debe tener en cuenta al menos dos tipos básicos de destinatario: el que busca informarse (para el que vale la comunicación de predominio representativo, referencial) y el que se informa pasivamente según los mensajes le salen al paso en la pantalla, ya sea en redes o en mensajería; se trata casi un «destinatario casual» que llega a los mensajes aleatoriamente. Por otro lado, sabemos que hay ciudadanos con una predisposición de renuencia psicológica que no solo no van a recibir bien los mensajes sobre cómo frenar el cambio climático, sino que van a negarse a admitir su mera existencia. Esto significa, por un lado, que las motivaciones individuales, como ya dijimos al hablar de los encuadres de predominio cientifista, son un factor decisivo para que la cobertura mediática de la emergencia climática tenga impacto en las audiencias (Nisbet, Hart, Myers y Ellithorpe 2013; Bayes, Bolsen y Druckman 2023), y por otro, que los correlatos ideológicos/políticos se refuerzan también con asociaciones de naturaleza psicológica:

> las personas con ideología «igualitarista» (que luchan por la justicia social, la imparcialidad y la no discriminación de las personas, al margen de su raza, etnia, religión, sexo u orientación sexual, etc.) suelen ser favorables al consenso científico sobre el cambio climático, con independencia de su

> nivel educativo. Inversamente, aquéllos con personalidades «jerárquicas» e «individualistas» (que se oponen a las políticas hacia las minorías y contra la pobreza, que respaldan a la empresa privada y con fuertes convicciones acerca de que cada quién obtiene lo que se merece) rechazan ese mismo consenso científico (…). En estas personas con un fuerte individualismo, la preocupación por los riesgos climáticos es inversamente proporcional a su conocimiento científico. (González y Miera 2020, 163).

Los estudios sobre percepción pública de la ciencia permiten identificar los factores que utiliza la ciudadanía en su reacción y participación en el debate público, así como los efectos de los distintos discursos sobre un tema. En 2020 el Ministerio para la Transición Ecológica y el Reto Demográfico encargó un estudio específico a la consultora Ideara sobre *La sociedad española ante el cambio climático* (Meira, Arto y Pardellas 2021), cuyas conclusiones señalan que «los conocimientos de la población sobre las causas y el consenso científico no son acordes con las ciencias del cambio climático, pero buena parte de las personas encuestadas no demanda más información».

Davis (1995, 295) insiste en la conveniencia de que los mensajes sobre el cambio climático se dirijan a grupos pequeños y homogéneos, apuntando directamente a sus predisposiciones actitudinales; su trabajo de encuestas a jóvenes universitarios le lleva a concluir que la implicación activa de los receptores en la asunción de conductas ecológicas es mayor si los mensajes presentan acciones simples, claras y entendibles, y si subrayan el impacto negativo personal que podrá suponer la inacción en el ámbito de la protección ambiental. También Spence y Pidgeon (2010) subrayan la conveniencia de, por ejemplo, priorizar temáticas que aludan a los beneficios producidos por las políticas de mitigación (en lugar de hablar de las pérdidas asociadas a no mitigar el cambio climático), y focalizar los impactos sociales (y personales) de la mitigación.

Atendiendo a la politización del discurso sobre el cambio climático, Roser-Renouf *et al.* (2015) identifican en la ciudadanía estadounidense 4 variables relevantes de naturaleza ideológica que condicionan el valor persuasivo de los textos:

1. La actitud favorable o contraria de los mensajes sobre el tema para cada grupo.
2. La disposición de los receptores a realizar el esfuerzo cognitivo necesario para procesar la información sobre el tema.

3. Su tendencia al contraargumento, al razonamiento motivado y a la tergiversación del mensaje.
4. Los tipos de contenido comunicativo preferidos de cada receptor.

Según estas variables, y midiendo la adhesión a cinco creencias clave, identifican seis tipos de destinatarios de la comunicación sobre el cambio climático; aunque el estudio se basa en encuestas de 2013 a estadounidenses (N= 1.045), su clasificación es interesante para otras sociedades; lo más importante es la identificación de tres niveles de implicación cognitiva en la recepción del discurso ambiental:

A) Receptores con niveles altos de compromiso: ciudadanas y ciudadanos alarmados o interesados.
B) Receptores con niveles bajos de compromiso: ciudadanas y ciudadanos cautelosos o indiferentes.
C) Audiencias con actitudes negacionistas hacia el cambio climático: más ciudadanos que ciudadanas escépticos y despreciativos.

Aunque esta clasificación en seis grandes perfiles se propone para la sociedad estadounidense, lo cierto es que identifica tipos cognitivos que son asumibles en términos generales para las audiencias de *El País* y *El Mundo*. Esta dimensión del discurso se relaciona con el efecto perlocutivo de los textos, que deriva de su fuerza ilocucional. Además, es necesario recordar que esta clasificación de tipos cognitivos se suma al concepto de «democracia de los crédulos» (Bronner 2013) que mencionamos en las páginas iniciales, ya que no podemos considerar la recepción de los mensajes sobre el cambio climático sin tener en cuenta que algunos ciudadanos están muy dispuestos a aceptar sin cuestionamiento los bulos desinformativos que propagan sus líderes o sus pseudomedios de referencia.

A. El receptor motivado

Es el protagonista del ideal de la democracia deliberativa. Estas ciudadanas y ciudadanos se preocupan activamente por estar informados. Su perfil se acerca (e incluye) al de las personas comprometidas y conscientes del problema.

En clave política, Roser-Renouf *et al.* (2015) diferenciaban para Estados Unidos dos subtipos:

1. Los *alarmados (alarmed)*: muestran niveles muy altos en las mediciones de las cinco creencias clave: casi todos están seguros de que el calentamiento global está ocurriendo, creen que tanto su entorno como las generaciones jóvenes están en peligro; asumen el origen humano del cambio climático y el consiguiente consenso científico, y consideran que el calentamiento global es aún solucionable. Son los más preocupados por el tema (63% dice haber pensado mucho sobre el calentamiento global, y el 48% piensa que necesita más información). «Para los alarmados, el calentamiento global es una amenaza real, preocupante y urgente». Políticamente se adscriben predominantemente a los liberales y los demócratas (o no muestran identificación política) y tienen mayor nivel educativo que la media estadounidense.

2. Los *interesados (concerned)*: se alejan de los alarmados en la certeza de que el calentamiento global está ocurriendo, la creencia de que su propia gente y los jóvenes están en peligro o el origen antropogénico. Solo el 13% de este grupo declara haber pensado «mucho» sobre el cambio climático y solo el 18% dice que no necesita más información para formarse una opinión sólida sobre el CC. Su tendencia política es menos izquierdista que en los alarmados, aunque supera la media nacional estadounidense en su ideología liberal y afiliación al Partido Demócrata. Sus rasgos demográficos (sexo, etnia, educación, edad e ingresos) están todos cerca de los promedios nacionales.

Estos lectores pueden sentirse interpelados por los reportajes de periodismo científico que publican tanto *El País* como *El Mundo*, así como por los editoriales sobre el tema o por las entrevistas a expertos. También pueden ser relevantes las noticias sobre innovación tecnológica para la mitigación y adaptación, o las iniciativas regulatorias relacionadas. Cabe pensar que especialmente los textos especializados de ambos diarios construyen un lector modelo en el que pueden reconocerse los dos tipos de ciudadanos motivados (alarmados e interesados), en la medida en que el periodismo científico se despliega sin activar connotaciones políticas, mientras la identificación con el propio periódico se vincula a la publicación de editoriales. Los dos periódicos ofrecen ejemplos del discurso que hemos llamado contranegacionista, y que es el que apunta a este tipo de lector (de ciudadano).

B. El receptor indiferente

Este grupo lo integran personas cuya receptividad se ve marcada por la idea de que los hábitos ciudadanos de sostenibilidad no importan, puesto que las decisiones importantes —las decisiones políticas— no le tienen en cuenta.

3. *Los cautelosos (cautious)*: muestran niveles bajos en todas las creencias clave sobre el CC y tienen un bajo nivel de compromiso con los temas. Aunque es más probable que sí crean que el cambio climático está ocurriendo, solo uno de cada cinco dice estar realmente seguro. Solo la mitad de ellos declara creer que su familia está en riesgo, pero hasta el 80% opina que las generaciones futuras lo están. Dicen haber pensado muy poco en el tema y solo el 5% se declara muy seguro de sus opiniones. Su identificación ideológica y partidista se acerca a la media de la población, así como las variables de edad, sexo, etnia e ingresos, pero tienen menos probabilidad de tener un título universitario que el promedio. «El calentamiento global está lejos de las mentes cautelosas: es un problema para la gente del futuro» (Roser-Renouf *et al.* 2015).

4. *Los desconectados* o indiferentes *(disengaged)*: son el grupo que menos ha pensado en el calentamiento global. En las preguntas con una opción de respuesta «no sabe/no contesta», eligen abrumadoramente esta opción; un 88% dice desconocer el riesgo para su familia y un 98% para las generaciones futuras. Solo el 6% decía estar seguro de que el calentamiento global está ocurriendo, aunque si se les presiona (no se les da opción no NS/NC) tienden a creer que el calentamiento global es algo peligroso. Tienen un estatus socioeconómico más bajo que otros segmentos, el menor índice de estudios superiores y los ingresos más bajos. Tienden a ser demócratas moderados políticamente inactivos, aunque casi un 25% niegan identificarse con ningún partido. Significativamente, muestran valores más altos

que el promedio en la creencia en la literalidad bíblica y en el rechazo a la teoría de la evolución.

Entre los mecanismos discursivos que pueden activar este tipo de lector modelo podemos citar el hecho de que el discurso sobre el consenso científico se traslade básicamente mediante entrevistas y columnas, en lugar de noticias o, sobre todo, editoriales, por su naturaleza prescriptiva. También puede facilitar el posicionamiento como receptor indiferente una cobertura que focalice temas como la inacción política, el incumplimiento de acuerdos, la baja ambición de los mismos, el alto coste económico de las políticas ecológicas, y, en general, los textos que opten por el marco del conflicto o de la atribución de responsabilidades. Los argumentos clásicos reaccionarios de futilidad, perversidad y riesgo (Hirschman 1991) aplicados a las políticas ecológicas pueden resultar especialmente cómodos para el lector indiferente. Todos estos elementos tienen más presencia en el corpus de *El Mundo*.

C. El receptor negacionista

Hace ya veinte años, Moyers (2005) apuntaba al receptor negacionista, cuyas motivaciones son de afiliación religiosa e ideológica, y se preguntaba cuál podría ser el modo efectivo de persuadir de la gravedad del cambio climático a los ciudadanos estadounidenses cristianos conservadores.

El ciudadano o ciudadana negacionista se ajusta a creencias que atacan el discurso científico/ecológico en el marco más amplio de una posición sólida y contundente hacia las realidades sociales y políticas. Al igual que ocurre con los ciudadanos indiferentes, para estas personas el cambio climático es un tema más dentro de un constructo ideológico global, compacto, que conforma lo que podemos llamar una macrodesinformación sistémica (Gallardo Paúls 2024b, 2025). Ese constructo compacto incluye elementos como el negacionismo científico generalizado, la victimización, la polarización ideológica, la equiparación de cualquier crítica con «cultura de la cancelación» o el etiquetado de las políticas sociales y de protección de minorías como concesiones a la «corrección política». En el ámbito específico del cambio climático, Wallace-Wells (2019) califica todas estas creencias como «una antología de patrañas tranquilizadoras», porque, efectivamente, esta construcción ideológica funciona como un paraguas protector ante amenazas inciertas. Estas creencias incluyen ideas como las siguientes:

… que el calentamiento global es una saga ártica que se desarrolla en lugares remotos; que se trata más que nada de una cuestión de niveles del mar y litorales, y no de una crisis envolvente que no deja lugar intacto ni vida sin deformar; que es una crisis del mundo «natural», no del mundo humano; que estos son dos mundos distintos, y que hoy en día vivimos en cierto modo fuera de la naturaleza, o más allá, o como mínimo protegidos de ella, y no ineludiblemente en su seno y literalmente desbordados por ella; que la riqueza puede servir de escudo contra la devastación del calentamiento; que la quema de combustibles fósiles es el precio de un crecimiento económico continuado; que este, y la tecnología que produce, inevitablemente encontrará el mecanismo para evitar el desastre medioambiental; que hay en el largo devenir de la historia humana algún parangón para la escala o el alcance de esta amenaza, algo capaz de infundirnos confianza a la hora de hacerle frente. (Wallace-Wells 2019, Parte I).

Este es un tipo de receptor que responde, en suma, al eslogan «de entrada, no», un ciudadano que se alinea con los patrones de irracionalidad alentados por la esfera pública digital reaccionaria, cuya implantación facilita el rechazo a la ciencia y al consenso democrático. Desde un punto de vista psicológico, la bibliografía señala que la inflexibilidad cognitiva funciona doblemente, como medida de protección y, simultáneamente, como mecanismo identitario. La investigación de Roser-Renouf *et al.* (2015) diferenciaba dos subtipos en este grupo: los escépticos y los despreciativos.

5. Los *escépticos (doubtfoul)*: su implicación en el tema es similar a la de los preocupados, pero muestran una baja aceptación de las creencias clave. El 40% se declara seguro de que el calentamiento global está ocurriendo, pero lo consideran un riesgo bajo y se resisten a admitir el origen humano del cambio climático o su posible reversión. Se muestran más involucrados en el tema que los segmentos medios, y casi la mitad afirma no necesitar más información nueva para tomar decisiones. Tienden a ser políticamente conservadores y a identificarse con el partido republicano. Es ligeramente más probable que sean blancos y varones que el promedio nacional, pero sus ingresos, edad y educación sí se acercan a las medias del país. «Los escépticos han llegado a la conclusión de que el cambio climático no es un tema importante, pero no son estridentes en sus opiniones».

6. Los *despreciativos (dismissive)*: son los que están más seguros de que el cambio climático no está ocurriendo y tienen una gran confianza, a veces arrogante, en sus opiniones. Ninguno cree que el cambio climático esté dañando a los EE.UU. en la actualidad y muestran un rechazo firme a la ciencia climática que se refuerza con altos niveles de implicación en el tema. Son los más propensos de cualquier segmento a decir que no necesitan más información para formarse una opinión sobre el tema, la inflexibilidad de sus opiniones es consustancial. Más del 70 por ciento de los despreciativos son algo o muy conservadores, y más de la mitad se identifican como republicanos. Es más probable que sean hombres y blancos que el promedio nacional, y también muestran el mayor nivel educativo y los ingresos más altos de cualquiera de otros grupos.

Para que los textos periodísticos consigan la identificación de los ciudadanos escépticos o despreciativos pueden recurrir a diversos mecanismos discursivos: separar la voz del consenso científico, relegándola a las entrevistas de expertos y evitando el tema en editoriales y portadas; dar protagonismo a los defensores del negacionismo en todo tipo de géneros periodísticos, tanto informativos como de opinión; redactar textos sobre la posible veracidad de lo que son bulos evidentes; reproducir sin comentario las afirmaciones falsas de los líderes negacionistas; permitir la publicación de bulos en los textos de opinión, etc. Sin ser los más frecuentes, estos rasgos aparecen más en los datos de *El Mundo* que en los de *El País*.

Parte III. Conclusiones

7. Por qué «dejar de hablar (solo) del clima»

En este trabajo hemos analizado el discurso periodístico en torno a dos grupos de conceptos, unos asociados a «cambio climático» («crisis climática», «emergencia climática») y otros a «transición ecológica» («transición energética», «transición verde»). Para ello hemos utilizado una muestra de textos de *El País* y *El Mundo* pertenecientes a 2007, 2019 y 2023, y obtenidos a partir de la base de datos FACTIVA. Se seleccionaron datos de *El País* y *El Mundo* porque, pese a que ambos medios tienen una trayectoria distinta en los últimos años, siguen siendo los dos más relevantes en las oleadas del Estudio General de Medios y, además, mantienen un paralelismo político opuesto que es interesante para el estudio. Dado que los tres años seleccionados corresponden a gobiernos del partido socialista (en coalición en 2019 y 2023), el paralelismo político de los dos periódicos no se ve afectado en el corpus, pero el progresivo posicionamiento de *El Mundo* en un paralelismo no ya ideológico, sino directamente partidista, puede explicar algunas de las diferencias que comentamos a continuación.

Nuestra hipótesis de partida era que la cobertura periodística enfatiza la atención específica a los fenómenos físicos, meteorológicos, ecológicos… que responden al cambio climático, en detrimento de una atención a la ciudadanía que sufre también sus consecuencias; esta cobra protagonismo especial, como víctima, en las situaciones de catástrofes, pero no lo tiene en la cobertura «cotidiana» del cambio climático; como consecuencia de ello, la transición ecológica se cubre básicamente como transición energética (de protagonismo empresarial), sin implicar a las personas.

https://dx.doi.org/10.5209/ling.006.07
Dejemos de hablar (solo) del clima. El discurso periodístico sobre el cambio climático y la transición ecológica. Beatriz Gallardo Paúls. © Ediciones Complutense, 2026.

Las conclusiones fundamentales del análisis se resumen en los siguientes puntos.

1. La primera conclusión tiene que ver con la diferente atención que ambos diarios prestan al tema; esta diferencia se manifiesta inicialmente en la cantidad de textos publicados (un 70,2% de la muestra pertenece a *El País* y un 29,8% a *El Mundo*), pero también en la ubicación de los textos en portada (7,5% en *El País* y 1,9% en *El Mundo*) y en la redacción de editoriales específicos sobre el tema en cuestión (5,7% de los textos de *El País* y 1,7% en *El Mundo*).

2. La segunda conclusión se refiere al enfoque priorizado por ambos medios para tratar el tema. Predominan encuadres que se incluyen en el periodismo especializado ambiental (periodismo científico), que da protagonismo al planeta, la avifauna, los bosques, los glaciares, etc. Esta especialización de los profesionales que abordan los temas explica que el punto de partida de los textos sea, precisamente, la ciencia (el discurso científico), y que cobre importancia la atención a los fenómenos que pueden tratarse como síntoma del cambio climático. La cobertura de estos hechos evidencia, especialmente en 2007, ciertas marcas de «hipermetropía ambiental» que a veces convierten el discurso periodístico sobre el cambio climático en un periodismo de sucesos, anecdótico, más espectacularizante que informativo. Este discurso cientifista/naturalista predomina en los tres años analizados, pero progresivamente se va completando con un encuadre de naturaleza política que enfatiza la atención a las políticas ambientales, ya sean las propuestas, las aprobaciones o, sobre todo, los incumplimientos.

3. La manifestación más obvia de este predominio se da en el análisis léxico. Es relevante que el campo semántico de la «transición ecológica | verde | energética» no está consolidado hasta el corpus de 2019 (los datos señalan que estos términos emergen en la prensa a partir de 2011 y 2012), lo que demuestra el anclaje del tema en la esfera de la ciencia y el planeta. Aunque también es importante tener en cuenta que al comparar los usos léxicos de 2007 con los de 2023 aparecen leves señales de un cierto cambio de enfoque; los términos de mayor frecuencia lé-

xica siguen siendo los mismos, pero aparecen con valores altos de frecuencia términos nuevos más próximos al impacto del cambio climático en la vida de las personas («calor», «combustible», «crisis», «transición», «incendio», «ley», «población», «salud», «sequía»), mientras abandonan estos puestos términos tan emblemáticos del enfoque cientifista como «CO_2», «IPCC», «atmósfera» o «efecto invernadero». El análisis del léxico nos lleva a hablar de un «*bucle discursivo*» que se confirmará en las diversas estrategias del encuadre.

4. Para el análisis de la actancialidad (la estrategia predicativa) nos centramos en los titulares de los 1.418 textos del corpus. Aunque se explica parcialmente por la naturaleza discursiva de los titulares, observamos el protagonismo de las realidades abstractas, así como de los síntomas naturales o (en mucha menor medida) energéticos del cambio climático y la transición ecológica. Sin embargo, entre los posibles sujetos animados (científicos, activistas, ciudadanía, políticos) el predominio de los representantes políticos es absoluto en los dos medios y en los tres años. Este análisis completa la hipótesis de partida (el protagonismo del planeta y la naturaleza) añadiendo el protagonismo de los políticos entre los sujetos con el sema /+animado/. Una diferencia notable entre ambos periódicos tiene que ver con el protagonismo de los jóvenes en los movimientos sociales de 2019, que en *El País* tienen notable presencia pero en *El Mundo* apenas se reflejan si no es para mencionar despectivamente la figura de Greta Thunberg. En ambos medios, la cobertura tiende a centrarse en fenómenos naturales o medidas políticas, sin dar suficiente visibilidad a la ciudadanía como agente protagonista del cambio climático, ni a los grupos del activismo medioambiental, una ausencia que sorprende especialmente.

5. La estrategia intencional del encuadre, que corresponde a la ilocutividad predominante en los textos, es coherente con el tipo de datos del corpus. La propia naturaleza de la prensa y el énfasis en los enfoques científico y regulatorio justifican que en los datos predomine la ilocutividad representativa, referencial. El análisis del sentimiento realizado con *software* especializado no ofrece resultados reseñables por lo que se refiere a la intencionalidad expresiva, aunque sí destacan algunos textos con

encuadres negativos, a veces cercanos al colapsismo. Por otro lado, hemos destacado el hecho de que ambos diarios publican textos metadiscursivos sobre su responsabilidad en la cobertura de este tema, lo que nos permite desarrollar la idea de que esa responsabilidad va más allá de la perlocutividad cognitiva (concienciar a los lectores) y aspira a influir también en la conducta ciudadana (conseguir cambio de hábitos), sobre todo en un ecosistema de política mediatizada.

6. Por lo que se refiere a la dimensión textual del encuadre, en los textos se pueden identificar grandes *topoi* que combinan esquemas narrativos y argumentativos (encuadre estructural). Los encuadres más presentes en el corpus apuntan a 1) la gravedad del cambio climático para el planeta y el medio natural, y su impacto catastrófico en fenómenos de clima extremo; 2) la resistencia política a ser coherente con el consenso científico; 3) la responsabilidad culpable de la ciudadanía que, con sus acciones, contribuye al cambio climático; 4) la irresponsabilidad, a veces exhibicionista, de las élites políticas, económicas y empresariales; 5) la importancia de innovación tecnológica y empresarial; 6) la necesidad de medidas políticas; y 7) la relativización de la importancia de las medidas de mitigación y adaptación, debido a su coste excesivo (un marco, este último, que se da básicamente en *El Mundo*). Ambos diarios muestran diferencias en el enfoque economicista del problema, al que *El Mundo* da más relevancia que *El País*. Sin embargo, aunque el estudio de la distribución de los textos en secciones no pudo realizarse exhaustivamente, sí es evidente que *El País* privilegia la sección «Sociedad», mientras en *El Mundo* hay mayor proporción de textos en la sección de «Ciencia/Ciencia y Salud».

7. La distribución de los géneros periodísticos evidencia que *El Mundo* recurre más a las entrevistas (lo que permite que el discurso sobre el cambio climático y la transición ecológica se traslade por boca ajena), mientras *El País* asume con más naturalidad un discurso propio que se manifiesta en la alta proporción de editoriales, así como la ubicación del tema en las portadas del diario.

8. La dimensión interactiva del encuadre discursivo se manifiesta, en primer lugar, en la estrategia dialógica, es decir, en las voces

del texto, su intertextualidad. Este concepto no coincide exactamente con el de fuente periodística, sino que lo supera, pues incluye cualquier voz ajena a la del emisor que sea recogida en un texto. Mientras el análisis de la actancialidad daba protagonismo indiscutible a los políticos en todo el corpus, el análisis de la intertextualidad (realizado manualmente mediante un proceso de reducción del corpus de «año construido», y solo para los dos años más distantes) indica que en las dos anualidades *El Mundo* da protagonismo a la voz científica sobre la voz política, mientras *El País* mantiene la importancia de las voces políticas y, también en los dos años, les da más visibilidad que a la de los científicos. En ambos diarios llama la atención la escasez de voces ecologistas/activistas, y se confirma claramente la hipótesis de que apenas se da voz a la ciudadanía en el debate público sobre los temas en cuestión.

9. La estrategia de alineamiento se encarga de analizar el modo en que los textos periodísticos se suman a la conversación pública como voz autorizada; ya no se centra en las voces del texto, sino en el texto como voz activa que participa en un intercambio público. En este sentido, ambos diarios toman parte en la construcción de un discurso que hemos llamado *contranegacionista*, que sin embargo en *El Mundo* asume un abierto carácter de concesión ciceroniana, porque el paralelismo político ya mencionado lo lleva a intentar equilibrios entre el consenso científico y las posiciones defendidas por políticos de derecha y (en 2019 y 2023) derecha radical.

10. Por último, la estrategia de afiliación del encuadre dialógico nos lleva al tema importantísimo de la politización del cambio climático. Hemos señalado la necesidad de no confundir el hecho de que es un tema indudablemente político con el hecho de que se instrumentalice esa naturaleza política. Asumiendo la distinción de seis tipos de destinatario prototípico en el discurso sobre el cambio climático y la transición ecológica, hemos propuesto que *El País* construye un lector modelo que coincide sobre todo con los receptores motivados (alarmados e interesados), mientras *El Mundo* diseña un lector más próximo al perfil negacionista (escépticos y despreciativos) pero sin descuidar tampoco al lector motivado, al que ambos periódicos ofrecen

información y opinión clara sobre el consenso científico, en la que destacan los reportajes largos y de calidad propios del periodismo especializado.

En definitiva, el análisis discursivo de la cobertura del cambio climático y la transición ecológica evidencia el predominio del encuadre cientifista, el protagonismo léxico y actancial de los fenómenos naturales, y la importancia de los políticos como actores relevantes para afrontar el problema; ni la ciudadanía general ni el colectivo ecologista/activista, obtienen protagonismo destacado, ni en el encuadre léxico (designación), ni en el predicativo (actancialidad) ni el dialógico (intertextualidad).

Este tipo de cobertura esquiva, creemos, tres grandes desafíos de la comunicación sobre el cambio climático y la transición ecológica. El principal es convencer a la ciudadanía de que las acciones individuales tienen sentido, a pesar de la falta de decisión y la incoherencia de las decisiones políticas, ya sean institucionales o gubernamentales. Este paso es importante porque la bibliografía insiste en que, incluso cuando el mensaje científico consigue modificar la percepción del cambio climático —se logra la perlocutividad cognitiva, referencial—, esto no se acompaña del subsiguiente apoyo a las políticas públicas. Por ello es necesario considerar las «pantallas» que filtran el discurso científico y contextualizar toda la comunicación (también la mediática) teniendo en cuenta las variables, bien identificadas por los estudios etnográficos y de psicología social, que llevan a los receptores a engarzar la verdad de la ciencia con su cosmovisión general y su saber cultural; en suma, con lo que la semiótica de Umberto Eco o la lingüística cultural de Gary Palmer llamarían el «conocimiento enciclopédico». El concepto bien conocido de segmentación de audiencias resulta indispensable para la comunicación general sobre el cambio climático y la transición ecológica.

El segundo gran desafío consiste en convertir esa convicción ciudadana en convicción política y, por lo tanto, vinculada al voto, algo que hemos comprobado que *El País* realiza con mucha más contundencia que *El Mundo*, más centrado en cuestiones económicas o estrictamente científicas que políticas. En la medida en que las decisiones políticas dependen más de la opinión pública que del demostrado consenso científico, esto es igualmente decisivo.

El tercer gran desafío es que el discurso informativo sobre el cambio climático opaque y desplace al discurso desinformativo. Para ello es imprescindible superar el estadio de los desmentidos y las verificaciones, para actuar con una comunicación afirmativa y proactiva, no dependiente de los discursos

ajenos; como hemos visto, ambos diarios construyen un discurso contranegacionista que no se recrea en amplificar la voz desinformativa, aunque en esto
El Mundo, de nuevo, muestra menos decisión que *El País*.

Por último, y por lo que se refiere a una lectura de estos resultados en clave estrictamente discursiva, podemos aducir dos grandes interpretaciones. La
primera permite entender este discurso periodístico como una enorme transgresión de la máxima griceana de pertinencia. Los medios de comunicación
hablan de las ballenas, del permafrost ártico o de los arrecifes de coral porque
de este modo eluden hablar del elefante blanco en la habitación, que no es
otro que la falta de acción política coherente con la preocupante amenaza
que la ciencia viene describiendo desde hace, como mínimo, cuatro décadas.
Lo que menos se nombra es, precisamente, el tema fundamental: la relación
del cambio climático con la desidia de los líderes, gobiernos e instituciones
que tienen la responsabilidad de fijar (y luego aplicar) un marco normativo
mediante el cual se acote el poder de actuación de las grandes empresas contaminantes, y que traslade a la ciudadanía la importancia proporcional de la
acción individual. En este sentido, el encuadre cientifista/naturalista actuaría,
pues, como un tipo de discurso indirecto que compensa el abordaje frustrante
de otros aspectos.

El segundo aspecto interpretativo tiene naturaleza netamente retórica; deriva de la cobertura de esa misma inacción política, y de lo que ya en 2009
Díaz-Nosty calificaba como «su insostenibilidad en el tiempo». Porque resulta inevitable relacionar todas estas reiteraciones, creadoras de un verdadero *bucle informativo*, con el modo en que la retórica clásica describe la ironía
—ese recurso que permite que un texto signifique lo contrario de lo que dice—,
como una figura de pensamiento por repetición. Creemos que la repetición a lo
largo de los años del mismo mensaje funciona, perversamente, como un desmentido de lo que se dijo antes o, al menos, como una banalización. Si en 2023
encontramos textos que enfatizan el origen humano de las alteraciones climáticas, cabe preguntarse qué valor real tenían los textos que, ya en 2007, asegu-
raban lo mismo. E indudablemente, esto se traduce en una disminución de la
posible fuerza persuasiva de la cobertura del cambio climático.

De ahí que como resumen de nuestras conclusiones planteemos la oportunidad de «dejar de hablar del clima»; al menos («solo»), de manera aislada.
Con ello apuntamos a la pérdida de valor directivo (ilocutivo) y conductual
(perlocutivo) que se produce en el discurso repetido, un discurso que, en el
caso del cambio climático, la ciencia y la prensa llevan reiterando desde los
años 70. Esta repetición supone un vaciamiento textual que evoca, inevitable-

mente, uno de los tópicos discursivos más asentados en nuestra cultura según el cual, cuando no sabemos de qué hablar, las personas hablamos del tiempo que hace, simplemente para mantener abierto el canal de comunicación; por mera función fática. Nuestro análisis del modo en que la prensa da cuenta del cambio climático y la transición ecológica nos ha recordado en cierto modo este tipo de comunicación estereotipada, estática, reiterativa… en la que el significado transmitido no es muy importante. Y este paralelismo nos lleva a pensar que cuando un lector ve un titular sobre el tema del cambio climático, su expectativa de noticiabilidad no puede ser muy alta. De ahí el juego de palabras de «dejar de hablar del clima».

La bibliografía señala que el bucle informativo en que la inacción política ha situado el discurso sobre el cambio climático solo puede superarse si las clases políticas perciben cambios en la opinión pública, que, a su vez, sigue condicionada por la prensa. Es evidente que el periodismo científico sigue siendo imprescindible para trasladar a la sociedad los avances de la investigación rigurosa, especialmente ante el auge de la irracionalidad en las sociedades del siglo XXI, y ambos diarios ofrecen valiosísimas muestras de ello; pero creemos que esa cobertura necesita integrar una dimensión de proximidad, cercanía e inmediatez, casi de cotidianeidad, que dé protagonismo a las y los ciudadanos, y que facilite el paso de un discurso netamente informativo, referencial, a un discurso capaz de incluir otras dimensiones.

En definitiva, cerramos este trabajo volviendo —otro bucle— a la cita de apertura, en la que David Wallace Wells reivindicaba «nuevas humanidades» para el tratamiento del cambio climático. Y creemos que el modo en que el discurso mediático puede contribuir a esta humanización supone desplazar el foco desde el planeta y el clima hacia la ciudadanía y su vida cotidiana, una vida de orientación —de transición— ecológica.

V. Apéndice. Visualización de usos léxicos en Sketch Engine

https://dx.doi.org/10.5209/ling.006.08

1. «Cambio climático»

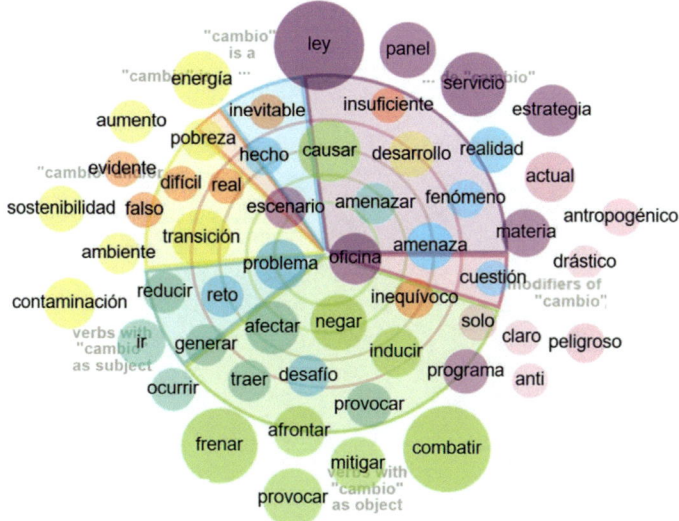

Gráfico 18. Distribución léxico-sintáctica de «cambio climático» en el corpus (N=3.700)

2. «Calentamiento global»

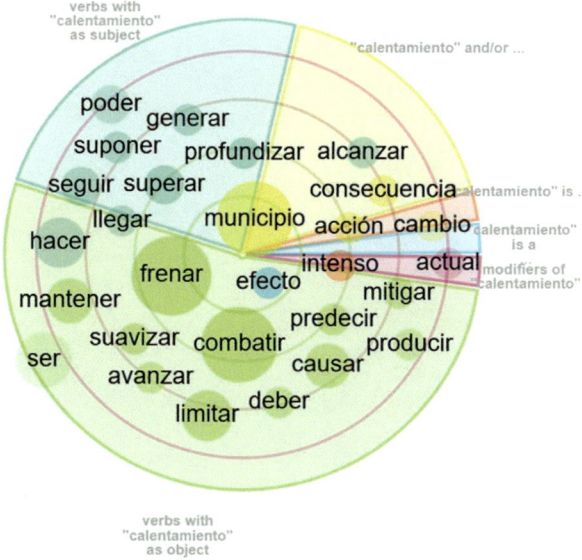

Gráfico 19. Distribución léxico-sintáctica de «calentamiento global» en el corpus (N=501)

3. «Crisis climática»

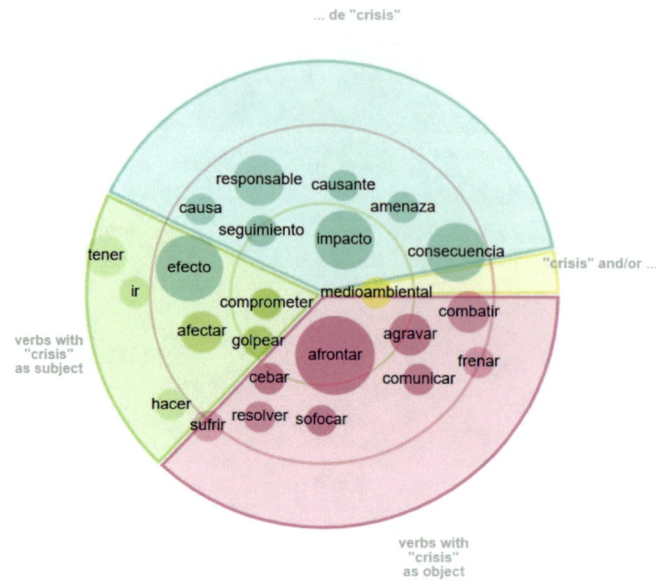

Gráfico 20. Distribución léxico-sintáctica
de «crisis climática» en el corpus (N=253)

4. «Emergencia climática»

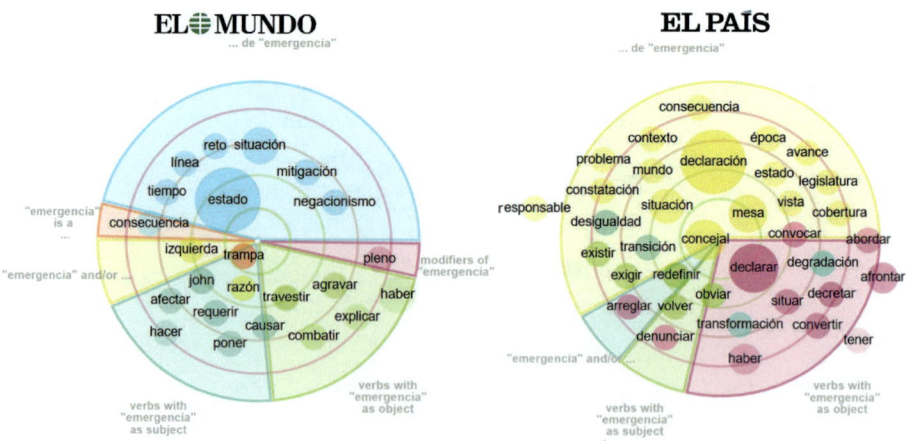

Gráfico 21. Distribución léxico-sintáctica del sintagma «emergencia climática»
en los dos diarios

5. «Transición ecológica»

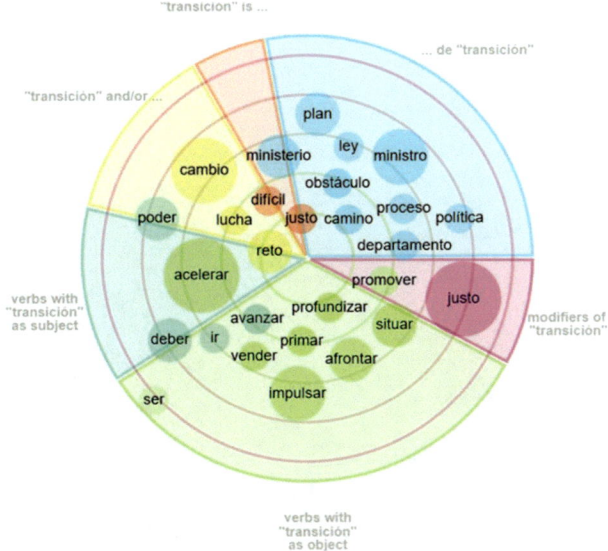

Gráfico 22. Distribución léxico-sintáctica de «transición ecológica» en el corpus global (N=200)

6. «Transición energética»

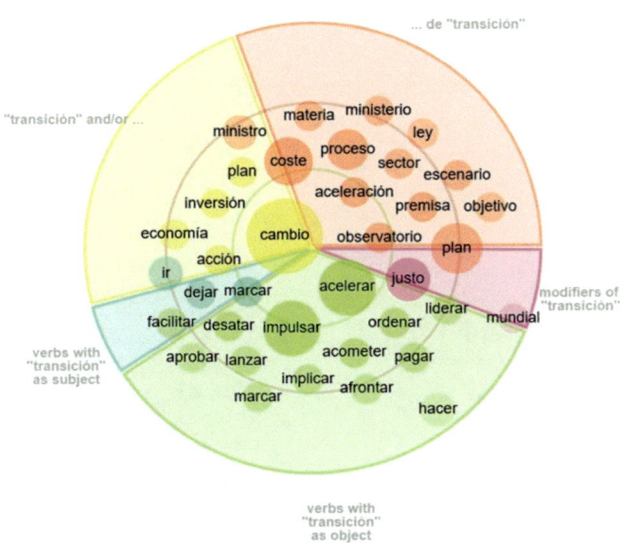

Gráfico 23. Distribución léxico-sintáctica de

«transición energética» en el corpus global (N=265)

7. «Salud»

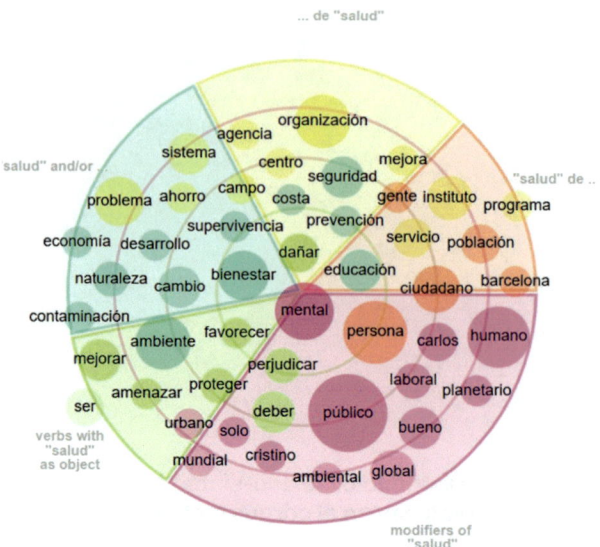

Gráfico 24. Distribución léxico-sintáctica de «salud» en el corpus global (N=316)

8. «Política»

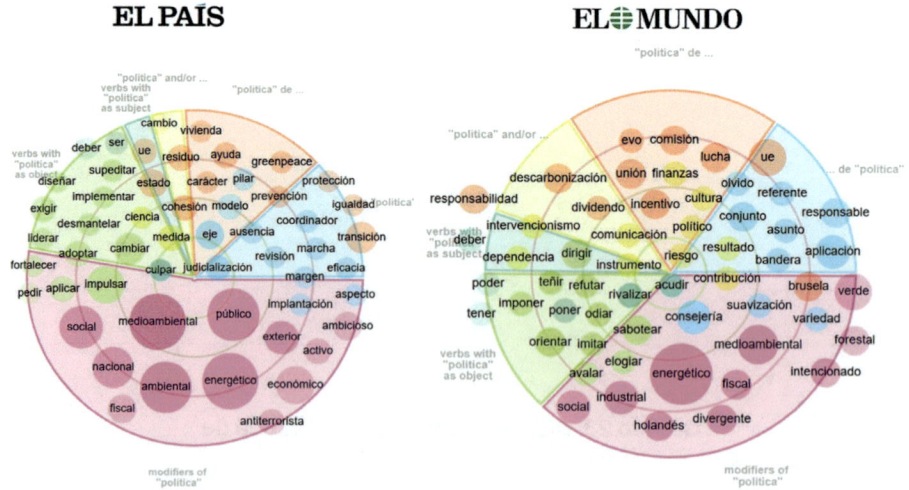

**Gráfico 25. Distribución léxico-sintáctica de «política»
en los dos periódicos durante los tres años**

9. «Riesgo» e «incertidumbre»

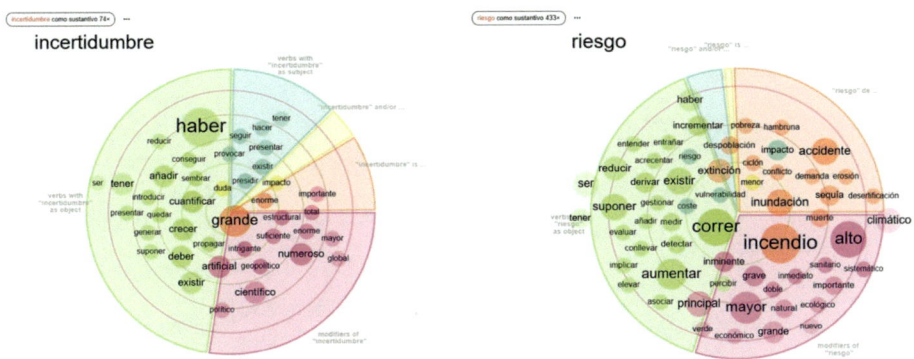

**Gráfico 26. Distribución léxico-sintáctica de «riesgo»
e «incertidumbre» en el corpus global**

10. «Récord»

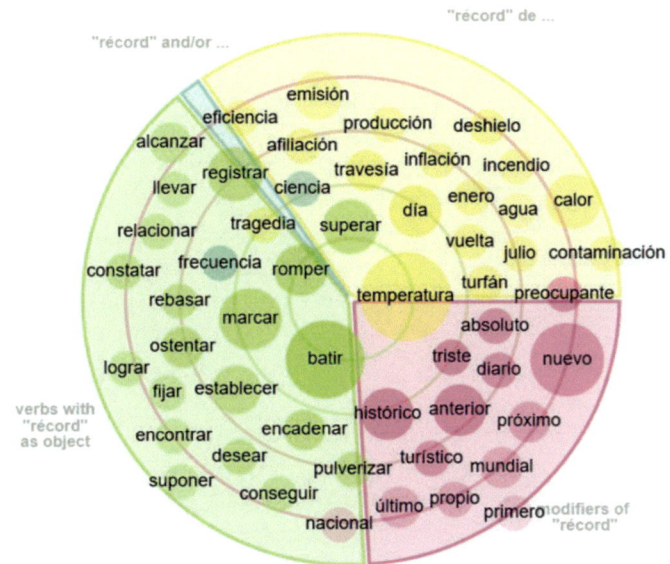

Gráfico 27. Visualización de la distribución léxico-sintáctica de «récord»

11. «Medida»

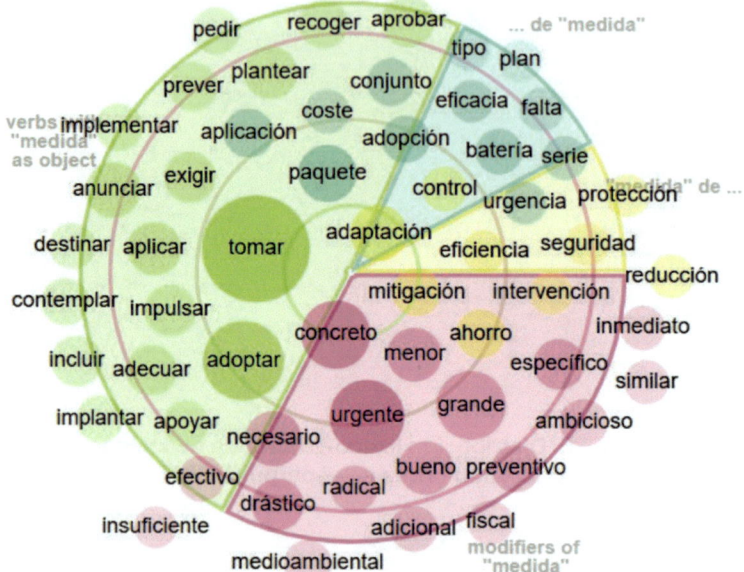

Gráfico 28. Visualización de la distribución léxico-sintáctica
de «medida» (N= 1.138)

Referencias bibliográficas

Adams, John. 2007. «Risk Management: It's Not Rocket Science. It's Much More Complicated». *Risk Management Magazine* 54, n.º 5: 36-40.

Álvarez Torres, Vanesa. 2024. «Extracción de palabras clave y expresiones multipalabra de un corpus textual de noticias sobre cambio climático». *European Public & Social Innovation Review* 9: 1-17. https://epsir.net/index.php/epsir/article/view/1133

APIA. 2023. *Guía de entrevistas sobre cambio climático.* https://www.apiaweb.org/wp-content/uploads/2023/04/GUIA-ESP.pdf

Arcila-Calderón, Carlos, María Teresa Mercado, José Luis Piñuel-Raigada y Elias Suárez-Sucre. 2015. «Media coverage of climate change in Spanish-speaking online media». *Convergencia* 22.68: 71-95. https://www.scielo.org.mx/pdf/conver/v22n68/1405-1435-conver-22-68-00071.pdf

Armitage, Kevin C. 2005. «State of denial: The United States and the politics of global warming». *Globalizations* 2, n.º 3: 417-427. https://doi.org/10.1080/14747730500368064

Ballart, Helena, Isabel Vázquez, Sébastien Chauvin, Julia Gladiné, Eduard Plana, Marc Font y Marta Serra, M. 2016. *La comunicación del riesgo de incendios forestales. Recomendaciones operativas para mejorar la prevención social,* Ediciones CTFC.

Ballesteros-Ballesteros, Vladimir y Adriana Patricia Gallego-Torres. 2022. «De la alfabetización científica a la comprensión pública de la ciencia». *Trilogía. Ciencia, Tecnología, Sociedad* 14.26: e1855. http://www.scielo.org.co/pdf/trilo/v14n26/2145-7778-trilo-14-26-e400.pdf

https://dx.doi.org/10.5209/ling.006.09
Dejemos de hablar (solo) del clima. El discurso periodístico sobre el cambio climático y la transición ecológica. Beatriz Gallardo Paúls. © Ediciones Complutense, 2026.

Bateson, Gregory. 1955. «A Theory of Play and Fantasy: A Report on Theoretical Aspects of the Project for the Study of the Role of Paradoxes of Abstraction in Communication». En *The Game Design Reader. A Rules of Play Anthology*, editado por K. Salen y E. Zimmerman, 314-328. Cambridge: Mass., MIT Press.

Bayes, Robin, Toby Bolsen y James N. Druckman. 2023. «A research agenda for climate change communication and public opinion: The role of scientific consensus messaging and beyond». *Environmental Communication* 17, n.º 1: 16-34. https://www.tandfonline.com/doi/pdf/10.1080/17524032.2020.1805343

Bayes, Robin y James N. Druckman. 2021. «Motivated reasoning and climate change». *Current Opinion in Behavioral Sciences* 42: 27-35. https://www.sciencedirect.com/science/article/pii/S2352154621000310

Beck, Ulrich. 1986. *La sociedad del riesgo. Hacia una nueva modernidad*, traducido por Jorge Navarro, Daniel Jiménez y M. Luisa Borrás. Barcelona: Paidós, 1998.

Beck, Ulrich. 1997. «La teoría de la sociedad del riesgo reformulada», traducido por Fernando Robles. *Revista Polis México*, 1, n.º 1: 171-196. https://polismexico.izt.uam.mx/index.php/rp/article/view/324/319

Bell, Allan. 1994. «Media (mis)communication on the science of climate change». *Public understanding of science* 3, n.º 3: 259-275.

Benites-Lazaro, Lira Luz, Neli Aparecida Mello-Théry y Myanna Lahsen. 2017. «Business storytelling about energy and climate change: The case of Brazil's ethanol industry». *Energy research & social science* 31: 77-85. https://www.sciencedirect.com/science/article/pii/S2214629617301834

Blanco, Elena, Montse Quesada y Laura Teruel. 2013. «Entre Kioto y Durban. Posición editorial de los medios de referencia ante el cambio climático». *Revista Latina de comunicación social* 68: 17-16. https://dialnet.unirioja.es/servlet/articulo?codigo=4297030

Blanco, Ismael y Ricard Gomà. 2019. «Nuevo municipalismo, movimientos urbanos e impactos políticos». *Desacatos. Revista de Ciencias Sociales* 61: 56-69. https://www.redalyc.org/journal/139/13964901004/13964901004.pdf

Bødker, Henrik e Irene Neverla. 2012. «Introduction: environmental journalism». *Journalism Studies* 13, n.º 2: 152-156. https://doi.org/10.1080/1461670X.2011.646394

Boykoff, Maxwell T. 2009. «El caso del cambio climático: los medios y la comunicación científica». *Infoamérica: Iberoamerican Communication Review* 1: 117-127. https://dialnet.unirioja.es/descarga/articulo/3910914.pdf

Boykoff, Maxwell T. y Jules Boykoff. 2004. «Balance as bias: global warming and the US prestige press». *Global Environmental Change* 14: 125-136. https://doi.org/10.1016/j.gloenvcha.2003.10.001

Bronner, Gérald. 2013. *La démocratie des crédules*. Paris: Presses Universitaires de France.

Brown, Wendy. 2016. *El pueblo sin atributos. La secreta revolución del neoliberalismo*, traducido por Víctor Altamirano. Madrid: Malpaso, 2017.

Brown, Wendy. 2019. *En las ruinas del neoliberalismo*, traducido por Cecilia Piñeiro. Madrid: Traficantes de sueños, 2021.

Brugué Torruella, Quim. 2022. *Organizaciones que saben, organizaciones que aprenden*. Madrid: INAP.

Bruner, Jerome Seymour. 1993. «Explaining and Interpreting: Two Ways of Using Mind». En *Conceptions of the human mind: Essays in honor of George A. Miller*, editado por Gilbert Harman, 123-137. Hillsdale, NJ: Lawrence Erlbaum.

Butler, Katy. 2006. «Winning words: George Lakoff says environmentalists need to watch their language». *Sierra Magazine* 89, n.º 4: 54-56. http://www.katybutler.com/publications/sierramag/index_files/latimes_daddy.htm

Cabra de Luna, Miguel A. y Rafael de Lorenzo García. 2005. «El Tercer Sector en España: ámbito, tamaño y perspectivas». *Revista española del tercer sector* 1: 95-134. https://dialnet.unirioja.es/servlet/articulo?codigo=2359334

Cabrera Montoya, Blas. 2007. «Políticas educativas en clave histórica: la LOGSE de 1990 frente a la LGE de 1970». *Tempora* 10: 147-181. https://riull.ull.es/xmlui/handle/915/14548

Capstick, Stuart Bryce y Nicholas Frank Pidgeon. 2014. «What is climate change scepticism? Examination of the concept using a mixed methods study of the UK public». *Global environmental change* 24: 389-401. https://doi.org/10.1016/j.gloenvcha.2013.08.012

Castells Olivan, Manuel. 2009. *Comunicación y poder*, traducido por María Hernández. Madrid: Alianza Editorial.

CDC, Centers for Disease Control and Prevention. 2014-2018. *CERC: Crisis and Emergency Risk Communication*. https://emergency.cdc.gov/cerc/manual/index.asp

CDC, Centers for Disease Control and Prevention. 2015. *Planning for an Emergency: Strategies for Identifying and Engaging At-Risk Groups. A guidance document for Emergency Managers*. Atlanta: CDC. https://www.cdc.gov/nceh/hsb/disaster/atriskguidance.pdf

Chinn, Sedona, P. Sol Hart y Stuart Soroka. 2020. «Politicization and polarization in climate change news content, 1985-2017». *Science Communication* 42, n.º 1: 112-129. https://journals.sagepub.com/doi/pdf/10.1177/1075547019900290

Clough, Patricia T. 2007. «The affective turn: Political economy, biomedia and bodies». *Theory, culture & society* 25, n.º 1: 1-22. https://journals.sagepub.com/doi/10.1177/0263276407085156

CMNUCC. 1994. *United Nations Framework Convention on Climate Change*. https://unfccc.int/resource/docs/convkp/conveng.pdf

CMNUCC. 2011. Fact sheet: Climate change science - the status of climate change science today. *United Nations Framework Convention on Climate Change*.   https://unfccc.int/files/press/backgrounders/application/pdf/press_factsh_science.pdf

CNUMAH, Conferencia de Naciones Unidas sobre el Medio Ambiente Humano. 1972. *Informe de la Conferencia de las Naciones Unidas sobre Medio Ambiente Humano*, https://docs.un.org/es/A/CONF.48/14/Rev.1

Cohen, Bernard Cecil. 1963. *Press and Foreign Policy*. Princeton University Press, 2015. https://doi.org/10.1515/9781400878611

Coll, César. 1988. «Significado y sentido en el aprendizaje escolar. Reflexiones en torno al concepto de aprendizaje significativo». *Journal for the Study of Education and Development* 11, n.º 41: 131-142. https://journals.sagepub.com/doi/abs/10.1080/02103702.1988.10822196

Cook, John y Stephan Lewandowsky. 2016. «Rational irrationality: Modeling climate change belief polarization using Bayesian networks». *Topics in cognitive science* 8, n.º 1: 160-179. https://onlinelibrary.wiley.com/doi/pdfdirect/10.1111/tops.12186

Cook, Timothy E. 1998. *Governing with de News. The News Media as Political Institution*. Chicago/London: University of Chicago Press.

Coombs, W. Thimothy. 2010. «Crisis Communication and Its Allied Fields». En *The handbook of crisis communication*, editado por W. Timothy Coombs y Sherry J. Holladay, 54-63. Malden. MA: Blackwell.

Corner, Adam, Olga Roberts, Sybille Chiari, Sonja Völler, Elisabeth S. Mayrhuber, Sylvia Mandl y Kate Monson. 2015. «How do young people engage with climate change? The role of knowledge, values, message framing, and trusted communicators». *Wiley Interdisciplinary Reviews: Climate Change* 6, n.º 5 (2015): 523-534. https://doi.org/10.1002/wcc.353

Dader, José Luis. 2004. «Comunipólogos: los sastres del emperador, sus hilos de oro y las lentes del público». *Doxa Comunicación. Revista Interdisciplinar de Estudios de Comunicación y Ciencias Sociales* 2: 191-215. https://revistascientificas.uspceu.com/doxacomunicacion/article/view/1422

Daniels, Stephen y Georgina H. Endfield. 2009. «Narratives of climate change: introduction». *Journal of Historical Geography* 35, n.º 2: 215-222. https://doi.org/10.1016/j.jhg.2008.09.005

Davis, Joel J. 1995. «The effects of message framing on response to environmental communications». *Journalism & Mass Communication Quarterly* 72, n.º 2: 285-299. https://doi.org/10.1177/107769909507200203

Díaz Nosty, Bernardo. 2009. «Cambio climático, consenso científico y construcción mediática. Los paradigmas de la comunicación para la sostenibilidad». *Revista Latina de Comunicación Social* 12, n.º 64: 99-119. https://www.redalyc.org/pdf/819/81911786009.pdf

Díaz Nosty, Bernardo. 2013. «Aproximación a la construcción interdisciplinar de un nuevo paradigma. Comunicación, cambio climático y crisis sistémica». *Razón y Palabra* 84. https://www.redalyc.org/pdf/1995/199528904001.pdf

Dirikx, Astrid y Dave Gelders. 2010. «To frame is to explain: A deductive frame-analysis of Dutch and French climate change coverage during the annual UN Conferences of the Parties». *Public understanding of science* 19, n.º 6: 732-742. https://journals.sagepub.com/doi/pdf/10.1177/0963662509352044

Don, Alexanne. 2016. «'It is hard to mesh all this': Invoking attitude, persona and argument organization». *Functional Linguist*, 3, n.º 9: 1-26. https://link.springer.com/article/10.1186/s40554-016-0033-1

Dotson, Devin M., Susan K. Jacobson, Lynda Lee Kaid y J. Stuart Carlton. 2012. «Media coverage of climate change in Chile: A content analysis of conservative and liberal newspapers». *Environmental Communication: A Journal of Nature and Culture* 6, n.º 1: 64-81. https://doi.org/10.1080/17524032.2011.642078

Druckman, James N. 2012. «The politics of motivation». *Critical Review*, 24, n.º 2: 199-216. https://www.tandfonline.com/doi/full/10.1080/08913811.2012.711022

Druckman, James N. y Mary C. McGrath. 2019. «The evidence for motivated reasoning in climate change preference formation». *Nature Climate Change* 9, n.º 2: 111-119. https://bpb-us-e1.wpmucdn.com/sites.northwestern.edu/dist/b/3288/files/2019/10/2019-Druckman-McGrath-Nature-Climate-Change.pdf

Dunlap, Riley E. y Araon M. McCright. 2008. «A widening gap: Republican and Democratic views on climate change». *Environment: Science and Policy for Sustainable Development* 50, n.º 5: 26-35. https://www.tandfonline.com/doi/pdf/10.3200/ENVT.50.5.26-35

EAPN-ES. 2025. *XV Informe sobre el Estado de la Pobreza de EAPN-ES* (Red Europea de Lucha contra la Pobreza y la Exclusión Social en el Estado Español). Descargable en: https://www.eapn.es/noticias/1826/la-pobreza-energetica-ha-aumentado-un-196--desde-2008

Eco, Umberto Eco. 1979. *Lector in Fabula. La cooperación interpretativa en el texto narrativo*, traducido por Ricardo Pochtar. Barcelona: Lumen, 1993.

EIRD. 2001. *Marco de Acción para la aplicación de la Estrategia Internacional para la Prevención de Desastres*. https://www.eird.org/fulltext/marco-accion/framework-espanol.pdf

Ellsmor, James. 2019. «Trump Administration Rebrands Fossil Fuels as "Molecules of US Freedom"». *Forbes* 30/05/2019. https://www.forbes.com/sites/jamesellsmoor/2019/05/30/trump-administration-rebrands-carbon-dioxide-as-molecules-of-u-s-freedom/

Engesser, Sven y Michael Brüggemann. 2016. «Mapping the minds of the mediators: The cognitive frames of climate journalists from five countries». *Public understanding of science* 25, n.º 7: 825-841. https://doi.org/10.1177/0963662515583621

Entman, Robert M. 1993. «Framing: Towards a clarification of a fractured paradigm». *Journal of Communication* 43, n.º 4: 51-58.

Entman, Robert M. 2003. «Cascading Activation: Contesting the White House's Frame After 9/11». *Political Communication*, 20: 415-432. https://doi.org/10.1080/10584600390244176

Entman, Robert M., Jörg Matthes y Lynn Pellicano. «Nature, sources, and effects of news framing». En *The Handbook of Journalism Studies*, editado por Karin Wahl Jorgensen y Thomas Hanitzsch, 175-190. New York, NY: Routledge.

Erviti Ilundain, M. Carmen. 2020. «Del "cambio climático" a la "emergencia climática"». *Prisma Social: revista de investigación social* 31: 64-81. https://dialnet.unirioja.es/servlet/articulo?codigo=7626003

Estenssoro Saavedra, J. Fernando. 2007. «Antecedentes para una historia del debate político en torno al medio ambiente: la primera socialización de la idea de crisis ambiental (1945-1972)». *Universum. Revista de Humanidades y Ciencias Sociales* 2, n.º 22: 92-110. https://www.redalyc.org/pdf/650/65027764007.pdf

Fagbola, Temitayo Matthew, Abdultaofeek Abayomi, Murimo Bethel Mutanga y Vikash Jugoo. 2022. «Lexicon-Based Sentiment Analysis and Emotion Classification of Climate Change Related Tweets». En *Proceedings of the 13th International Conference on Soft Computing and Pattern Recognition (SoCPaR 2021)*, editado por A. Abraham *et al.*, 637-646. Springer: Cham. https://doi.org/10.1007/978-3-030-96302-6_60

Federación Internacional de Sociedades de la Cruz Roja y de la Media Luna Roja 2009. *La comunicación en situaciones de emergencia*. Ginebra. https://preparecenter.org/wp-content/sites/default/files/directrices_comunicacion_en_emergencia_2009_0.pdf

Fernández-Reyes, Rogelio. 2010. «Irrupción mediática y representación ideológica del cambio climático en España». *Contribuciones a las Ciencias Sociales*, octubre 2010, https://idus.us.es/items/d91861ac-e66f-469e-8181-9c8aa7c1ee09

Flores, Fernando. 2025. *Derechos humanos. Conquista y defensa de un planeta digno*. Valencia: Tirant lo Blanch.

Fløttum, Kjersti y Øyvind Gjerstad. 2017. «Narratives in climate change discourse». *Wiley Interdisciplinary Reviews: Climate Change* 8, n.º 1: e429. https://wires. onlinelibrary.wiley.com/doi/pdf/10.1002/wcc.429

Font Tullot, Inocencio.1994. «El Cambio Climático: Máximo exponente de la acción del hombre en su ambiente natural». *Revista Tiempo y Clima* 4, n.º 17: 5-11. https://pub.ame-web.org/index.php/TyC/article/view/733

Fourier, Joseph. 1824. «Remarques générales sur les températures du globe terrestre et des espaces planétaires». *Annales de Chemie et de Physique* 27: 136-167.

Fragnière, Agustín. 2016. «Climate Change and Individual Duties». *Wiley Interdisciplinary Reviews: Climate Change*, 7, n.º 6: 798-814. https://doi. org/10.1002/wcc.422

Friedman, Sharon M. 1979. «Using Real World Experience to Teach Science and Environmental Writing». *The Journal of Environmental Education* 10, n.º 3: 37-42. https://files.eric.ed.gov/fulltext/ED163504.pdf

Friedman, Sharon M. 2015. «The changing face of environmental journalism in the United States». En *The Routledge handbook of environment and communication*, editado por Anders Hansen y Robert Cox, 164-226. Routledge. https://doi. org/10.4324/9781315887586

Galán Rodríguez, Carmen. 2001. «La ciencia como metáfora». *Anuario de Estudios Filológicos* XXIV: 123-135. http://hdl.handle.net/10662/14136

Galán Rodríguez, Carmen. 2003. «"La ciencia en zapatillas": análisis del discurso de divulgación científica». *Anuario de estudios filológicos* XXVI: 137-156. http:// hdl.handle.net/10662/969

Gallardo Paúls, Beatriz. 2018. *Tiempos de hipérbole: Inestabilidad e interferencias en el discurso político*. Valencia: Tirant lo Blanch.

Gallardo Paúls, Beatriz. 2021. «El hablar como intención comunicativa». En *Manual de Lingüística del hablar*, editado por Óscar Loureda y Ángela Schrott, 79-94. Berlín: De Gruyter.

Gallardo Paúls, Beatriz. 2022. *Signos rotos. Fracturas de lenguaje en la esfera pública*. Valencia: Tirant lo Blanch.

Gallardo Paúls, Beatriz. 2024a. «Una DANA sin nombre: la (in)comunicación del gobierno de Mazón». En *Agenda Pública*. Artículo publicado el 4 de noviembre de 2024. https://agendapublica.es/noticia/19436/dana-sin-nombre-comunicacion-gobierno-mazon

Gallardo Paúls, Beatriz. 2024b. *Contra el lenguaje. La connotación política en la era del sobresalto*. València: Universitat de València. https://hdl.handle. net/10550/101633

Gallardo Paúls, Beatriz. 2025. *La desinformación*, València: Tirant lo Blanch.

García-Mira, Ricardo, J. Eulogio Real y José Romay. 2005. «Temporal and spatial dimensions in the perception of environmental problems: An investigation of the concept of environmental hyperopia». *International Journal of Psychology* 40, n.º 1: 5-10.

Gil Pérez, Daniel y Amparo Vilches. 2006. «Educación ciudadana y alfabetización científica: Mitos y Realidades». *Revista iberoamericana de educación* 42: 31-53. https://doi.org/10.35362/rie420760

Glik, Deborah C. 2007. «Risk communication for public health emergencies». *Annual Review of Public Health* 28: 33-54. https://www.annualreviews.org/doi/pdf/10.1146/annurev.publhealth.28.021406.144123

González Gaudiano, Edgar J. y Pablo Á. Meira Cartea. 2020. «Educación para el cambio climático: ¿educar sobre el clima o para el cambio?». *Perfiles educativos* 42, n.º 168: 157-174. https://doi.org/10.22201/iisue.24486167e.2020.168.59464

Greschke, Heike. 2015. «The social facts of climate change: An ethnographic approach». En *Grounding global climate change. Contributions from the social and cultural sciences*, editado por Heike Greschke y Julia Tischler, 121-138. Dordrecht: Springer Netherlands. DOI 10.1007/978-94-017-9322-3

Grill, Claudia. 2015. «Animal Belongings: Human-Non Human Interactions and Climate Change in the Canadian Subarctic». En *Grounding Global Climate Change: Contributions from the Social and Cultural Sciences*, editado por Heike Greschke y Julia Tischler, 101-118. Dordrecht: Springer Netherlands. DOI 10.1007/978-94-017-9322-3

Grolleau, Gilles, Naoufel Mzoughi, Deborah Peterson y Marjorie Tendero. 2022. «Changing the world with words? Euphemisms in climate change issues». *Ecological Economics* 193: 107307. https://doi.org/10.1016/j.ecolecon.2021.107307

Gutiérrez, Javier. 2016. «El debate electoral sobre el cambio climático». *Papeles de relaciones ecosociales y cambio global* 136: 133-145. https://dialnet.unirioja.es/servlet/articulo?codigo=5832420

Hall, Stuart. 1988. *The Hard Road to Renewal Thatcherism and the Crisis of the Left*. London: Verso, 2021.

Hallin, Daniel C. y Paolo Mancini. 2004. *Comparing media systems: Three models of media and politics.* Cambridge: Cambridge University Press.

Hansen, Anders. 1991. «The media and the social construction of the environment». *Media, Culture & Society* 13, n.º 4: 443-458. https://doi.org/10.1177/01634439 1013004002

Hansen, Anders. 1994. «Journalistic practices and science reporting in the British press». *Public Understanding of Science* 3, n.º 2: 111-134. https://doi.org/10.1088/0963-6625/3/2/001

Hansen, James E. 2007. «Scientific reticence and sea level rise». *Environmental research letters* 2, n.º 2: 024002. https://iopscience.iop.org/article/10.1088/1748-9326/2/2/024002/pdf

Hart, P. Sol y Erik C. Nisbet. 2012. «Boomerang effects in science communication: How motivated reasoning and identity cues amplify opinion polarization about climate mitigation policies». *Communication research* 39, n.º 6: 701-723. https://journals.sagepub.com/doi/full/10.1177/0093650211416646

Harvey, David. 2005. *Breve historia del neoliberalismo*, traducido por Ana Varela Mateos. Madrid: Ediciones Akal, 2007.

Hasbún-Mancilla, Julio Octavio, Paulina Paz Aldunce-Ide, Gustavo Blanco-Wells y Rodrigo Browne-Stortore. 2017. «Encuadres del cambio climático en Chile: Análisis de discurso en prensa digital». *Convergencia* 24, n.º 74: 161-186. https://www.scielo.org.mx/pdf/conver/v24n74/2448-5799-conver-24-74-161.pdf

Hase, Valerie, Daniela Mahl, Mike S. Schäfer y Tobias R. Keller. 2021. «Climate change in news media across the globe: An automated analysis of issue attention and themes in climate change coverage in 10 countries (2006-2018)». *Global Environmental Change* 70: 102353. https://doi.org/10.1016/j.gloenvcha.2021.102353

Hassol, Susan Joy. 2008. «Improving how scientists communicate about climate change». *Eos. Weekly Journal of the American Geophysical Union* 89: 106-107. https://agupubs.onlinelibrary.wiley.com/doi/pdf/10.1029/2008EO110002

Hawley, Erin. 2022. *Environmental communication for children: Media, young audiences, and the more-than-human world*. Palgrave-MacMillan. https://link.springer.com/content/pdf/10.1007/978-3-031-04691-9.pdf

Henderson, Fiona y Karin Helwig. 2022. *A Smart Guide to Flood Risk Communication*. Scotland's Centre of Expertise for Waters (CREW).

Hernández Sacristán, Carlos. 2006. *Inhibición y lenguaje*. Madrid: Biblioteca Nueva.

Herndl, Carl G., y Stuart C. Brown. 1996. «Introduction». En *Green culture: Environmental rhetoric in contemporary America*, editado por Carl G. Herndl y Stuart C. Brown, 3-20. University of Wisonsin Press.

Hester, Joe Bob y Elizabeth Dougall. 2007. «The efficiency of constructed week sampling for content analysis of online news». *Journalism & Mass Communication Quarterly* 84, n.º 4: 811-824. https://journals.sagepub.com/doi/pdf/10.1177/107769900708400410

Hirschman, Albert Otto. 1991. *Retóricas de la intransigencia*, traducido por Tomás Segovia. México DF: Fondo de Cultura Económica, 1991.

Hochschild, Arlie Russell. 1983. *The Managed Heart. Comercialization of Human Feeling*. University of California Press, 2003.

Holt, Diane y Ralf Barkemeyer. 2012. «Media coverage of sustainable development issues–attention cycles or punctuated equilibrium?». *Sustainable development* 20, n.º 1: 1-17. https://onlinelibrary.wiley.com/doi/pdf/10.1002/sd.460

Howarth, David. 1995. «La teoría del discurso». *En Teoría y métodos de la ciencia política*, editado por David Marsh y Gerry Stoker; traducido por Jesús Cuéllar Menezo, 125-142. Madrid: Alianza, 1997.

Howarth, David. 2005. «Aplicando la teoría del discurso: el método de la articulación». *Studia Politicae* 5: 37-88.

Hursh, David. 2007. «Assessing No Child Left Behind and the rise of neoliberal education policies». *American educational research journal* 44, n.º 3: 493-518. https://journals.sagepub.com/doi/10.3102/0002831207306764

Innerarity, Daniel. 2020. *Una teoría de la democracia compleja*. Madrid: Galaxia Gutenberg.

Jasanoff, Sheila. 2010. «A new climate for society». *Theory, culture & society* 27 n.º 2-3: 233-253. https://journals.sagepub.com/doi/pdf/10.1177/0263276409361497

Jaskulsky, Larissa y Richard Besel. 2013. «Words that (don't) matter: An exploratory study of four climate change names in environmental discourse». *Applied Environmental Education & Communication* 12, n.º 1: 38-45. https://doi.org/10.1080/1533015X.2013.795836

Jay, Sarah; Batruch, Anatolia; Jetten, Jolanda; McGarty, Craig & Muldoon, Orla T. 2019. «Economic inequality and the rise of far-right populism: A social psychological analysis». *Journal of Community & Applied Social Psychology*, 29, n.º 5: 418-428. https://onlinelibrary.wiley.com/doi/abs/10.1002/casp.2409

Judt, Tony. 2010. *Algo va mal*, traducido por Belén Urrutia. Madrid: Santillana, 2012.

Kahan, Dan M. 2015. «Climate-Science communication and the Measurement problem». *Political Psychology*, 36, S1: 1-43. https://onlinelibrary.wiley.com/doi/pdf/10.1111/pops.12244

Kahan, Dan M. 2016. «The "gateway belief" illusion: Reanalyzing the results of a scientific-consensus messaging Study». J*ournal of Science Communication*, 16, n.º 5: 1.20. http://dx.doi.org/10.2139/ssrn.2779661

Kaiser, Jonas y Markus Rhomberg. 2016. «Questioning the doubt: Climate skepticism in German newspaper reporting on COP17». *Environmental Communication* 10, n.º 5: 556-574. https://doi.org/10.1080/17524032.2015.1050435

Katz, Steven B. 2001. «Language And Persuasion In Biotechnology Communication With The Public: How To Not Say What You're Not Going To Not Say And Not Say It». *AgBioForum, The Journal of Agrobiotechnology Management & Economics* 4, n.º 2: 93-97. https://citeseerx.ist.psu.edu/document?repid=rep1&type=pdf&doi=6572bc7d9794a126d3d3164b9cdc2c435a1ee484

Killingsworth, M. Jimmie y Jacqueline S. Palmer. 1992. *Ecospeak: Rhetoric and environmental politics in America*. SIU Press.

Killingsworth, M. Jimmie. 2007. «A phenomenological perspective on ethical duty in environmental communication». *Environmental Communication* 1, n.º 1: 58-63. https://doi.org/10.1080/17524030701334243

Klein, Richard J.T., E. Lisa F. Schipper y Suraje Dessai. 2005. «Integrating mitigation and adaptation into climate and development policy: three research questions». *Environmental science & policy* 8, n.º 6 (2005): 579-588. https://doi.org/10.1016/j.envsci.2005.06.010

Kristeva, Julia. 1976. *Semiótica*, vol. 1, traducido por José Martín Arancibia. Madrid: Fundamentos, 1978.

Kunda, Ziva. «The case for motivated reasoning». *Psychological bulletin* 108, n.º 3: 480-498. https://doi.org/10.1037/0033-2909.108.3.480

Lakoff, George. 1996. *Política moral. Cómo piensan progresistas y conservadores*, Madrid: Capitán Swing, 2016. Traducción de Miguel Marqués.

Lakoff, George. 2004. *No pienses en un elefante*. Madrid: UCM, 2007. Traducción de Magdalena Mora.

Lassa, José Juan Verón y Pablo Toboso Alonso. 2018. «El medio ambiente como issue de campaña: Estudio del discurso de los candidatos en Twitter durante las elecciones generales en España entre 2011 y 2016». En *Los Medios de Comunicación como difusores del Cambio Climático*, editado por Daniel Rodrigo, Patricia de Casas y Pablo Toboso, 123-144. Ed. Egregius.

Lippmann, Walter. 1922. *La opinión pública*, traducido por Blanca Guinea Zubimendi. Madrid: Langre, 2003.

Llavero-Pasquina, Marcel, Joan Martinez-Alier, Roberto Cantoni y Grettel Navas. 2024. «The political ecology of oil and gas corporations: Total Energies and post-colonial exploitation to concentrate energy in industrial economies». *Energy Research & Social Science* 109: 103434. https://doi.org/10.1016/j.erss.2024.103434

Lopera, Emilia y Carolina Moreno. 2014. «The uncertainties of climate change in Spanish daily newspapers: Content analysis of press coverage from 2000 to 2010». *Journal of science communication* 13, n.º 1: A02. https://doi.org/10.22323/2.13010202

López Cerezo, José Antonio. 2008. «Epistemología popular: condicionantes subjetivos de la credibilidad». *Revista iberoamericana de ciencia tecnología y sociedad* 4, n.º 10: 159-170. https://www.scielo.org.ar/pdf/cts/v4n10/v4n10a10.pdf

López Guerra, Luis. 1983. «La distribución de competencias entre Estado y Comunidades Autónomas en materia de educación». *Revista Española de Derecho Constitucional* 7: 293-333. https://www.jstor.org/stable/24886415?seq=1

Ma, Yanni, Graham Dixon y Jay D. Hmielowski. 2019. «Psychological reactance from reading basic facts on climate change: The role of prior views and political identification». *Environmental Communication*, 13, n.º 1: 71-86. https://www.tandfonline.com/doi/pdf/10.1080/17524032.2018.1548369

Malone, Elizabeth, Nathan E. Hultmanb, Kate L. Anderson y Viviane Romeiro. 2017. «Stories about ourselves: How national narratives influence the diffusion of large-scale energy technologies». *Energy research & social science* 31: 70-76. https://www.sciencedirect.com/science/article/pii/S2214629617301640

Marcus, George E. 2000. «Emotions in politics». *Annual review of political science* 3, n.º 1: 221-250. https://www.annualreviews.org/content/journals/10.1146/annurev.polisci.3.1.221

Marin Carquin, Esteban Andrés y Mikaela Gallegos Gauding. 2021. «Discursos Neoliberales que determinan las políticas ambientales y la adaptación al Cambio Climático en Chile: Análisis del discurso aplicado al Plan de Acción Nacional al Cambio Climático 2014». *Revista Enfoques: Ciencia Política y Administración Pública* 19, n.º 34: 17-42. https://dialnet.unirioja.es/servlet/articulo?codigo=8090687

Martín Rojo, Luisa y Ángela Delgado. 2021. «Desafíos políticos del negacionismo». *Viento Sur* 21/01/2021. https://vientosur.info/desafios-politicos-del-negacionismo/

Martin, James R. 1997. «Analysing genre: Functional parameters». En *Genre and institutions: Social processes in the workplace and school*, editado por Frances Christie y James Martin, 3-39. London/New York: Continuum.

Martín-Sosa, Samuel. 2021. «Apuntes metodológicos para el estudio del negacionismo climático en los medios escritos». *Comunicación & Métodos* 3, n.º 1: 56-66. https://www.comunicacionymetodos.com/index.php/cym/article/view/111

Massarani, Luisa e Ildeu Castro Moreira. 2004. «Divulgación de la ciencia: perspectivas históricas y dilemas permanentes». *Quark* 32: 30-35. https://www.raco.cat/index.php/Quark/article/download/55031/63224

Mazzoleni, Gianpietro. 1998. *La comunicación política*, traducido por Pepa Linares. Madrid: Alianza, 2010.

McCombs, Maxwell E. y Donald L. Shaw. 1972. «The agenda-setting function of mass media». *Public opinion quarterly* 36, n.º 2: 176-187. https://www.jstor.org/stable/pdf/2747787.pdf

Meira Cartea, Pablo Ángel, Mónica Arto Blanco y Miguel Pardellas Santiago. 2021. *La sociedad española ante el cambio climático. Percepción y comportamientos en la población*. Madrid: Ideara. https://www.miteco.gob.es/ca/ceneam/recursos/pag-web/sociedad-espanola-cambio-climatico-percepcion-comportamientos.html

Meira Cartea, Pablo Ángel. 2013. «Representaciones sociales del cambio climático en la sociedad española: una lectura para comunicadores». En *Medios de comunicación y cambio climático*, editado por Rogelio Fernández y Rosalba Mancinas-Chávez, 59-90. Sevilla: Fénix.

Melé, Patrice. 2022. «¿Qué nombra la transición ecológica?». *Otros Diálogos* 20. https://www.proquest.com/docview/2780387698 https://www.nature.com/articles/271321a0

Mercado, Maite. 2012. «El análisis del tratamiento informativo del cambio climático". En *Medios de comunicación y cambio climático*, editado por Rogelio Fernández y Rosalba Mancinas-Chávez, 123-134. Sevilla: Fénix.

Mercado-Sáez, María-Teresa y Carmen del Rocío Monedero-Morales. 2022. «Los temas del Periodismo ambiental como especialización informativa». *Ámbitos. Revista Internacional de Comunicación* 56: 51-63. https://doi.org/10.12795/Ambitos.2022.i56.04

Mercer, John Hainsworth. 1978. «West Antarctic ice sheet and CO_2 greenhouse effect: a threat of disaster». *Nature* 271, n.º 5643: 321-325.

Meyer, Philip. 2004. *The Vanishing Newspaper: Saving Journalism in the Information Age*, University of Missouri Press.

Milman, Oliver. 2017. «US federal department is censoring use of term 'climate change', emails reveal». *The Guardian*, 07/08/2017. https://www.theguardian.com/environment/2017/aug/07/usda-climate-change-language-censorship-emails

Moezzi, Mithra, Kathryn B. Janda y Sea Rotmann. 2017. «Using stories, narratives, and storytelling in energy and climate change research». *Energy Research & Social Science* 31: 1-10. https://www.sciencedirect.com/science/article/pii/S2214629617302050

Moreno Ortiz, Antonio. 2017. «Lingmotif: A user-focused sentiment analysis tool». *Procesamiento del Lenguaje Natural*, 58: 133-140. https://rua.ua.es/dspace/bitstream/10045/64038/1/PLN_58_16.pdf

Moser, Susanne C., y Lisa Dilling. 2004. «Making climate hot. Communicating the urgency and challenge of global climate change». *Environment: Science and Policy for Sustainable Development* 46, n.º 10: 32-46. https://www.proquest.com/docview/224033292

Moyano, Eduardo, Ángel Paniagua y Regina Lafuente. 2009. «Políticas ambientales, cambio climático y opinión pública en escenarios regionales. El caso de Andalucía». *Revista internacional de Sociología* 67, n.º 3: 681-699. https://doi.org/10.3989/ris.2008.01.23

Nadal Ariño, Javier y Silverio Agea. 2023. «Las fundaciones de acción social en el Tercer Sector». *Mediterráneo económico* 37: 103-121. https://dialnet.unirioja.es/servlet/articulo?codigo=9191470

Nerlich, Brigitte y Nelya Koteyko. 2009. «Compounds, creativity and complexity in climate change communication: the case of 'carbon indulgences'». *Global Environmental Change* 19, n.º 3: 345-353. https://www.sciencedirect.com/science/article/pii/S095937800900023

Nisbet, Erik C., Kathryn E. Cooper y Morgan Ellithorpe. 2014. «Ignorance or bias? Evaluating the ideological and informational drivers of communication gaps about climate change». *Public Understanding of Science* 24, n.º 3: 285-301. https://journals.sagepub.com/doi/pdf/10.1177/0963662514545909

Nisbet, Erik C., P. Sol Hart, Teresa Myers y Morgan Ellithorpe. 2013. «Attitude change in competitive framing environments? Open-/closed-mindedness, framing effects, and climate change». *Journal of Communication* 63, n.º 4: 766-785. https://doi.org/10.1111/jcom.12040

Nisbet, Matthew C. 2009. «Communicating climate change: Why frames matter for public engagement». *Environment: Science and policy for sustainable development* 51.2: 12-23. https://www.tandfonline.com/doi/pdf/10.3200/ENVT.51, n.º 2.12-23

Novak, Joseph D., & Gowin, D. Bob (1984): *Learning how to learn*. Cambridge University Press.

Núñez Mora, José Ángel. 2020. «Noches muy cálidas en las ciudades mediterráneas». *Blog de la Agencia Española de meteorología*, AEMET, 3 de julio de 2020. https://repositorio.aemet.es/bitstream/20.500.11765/12833/1/Nu%C3%B1ez_BlogAEMET2020_45_51.pdf

Ojala, Maria y Yuliya Lakew. 2017. «Young people and climate change communication». Oxford Research Encyclopedia Of Climate Science. https://doi.org/10.1093/acrefore/9780190228620.013.408

OMM, Organización Meteorológica Mundial. 2025. *State of the Global Climate*, 2024. WMO-Nº 1368. https://wmo.int/sites/default/files/2025-03/WMO-1368-2024_en.pdf

OMS, Organización Mundial de la Salud. 2018. *Comunicación de riesgos en emergencias de salud pública. Organización Mundial de la Salud*, https://apps.who.int/iris/bitstream/handle/10665/272852/9789243550206-spa.pdf

Paerregaard, Karsten. 2020. «Communicating the inevitable: climate awareness, climate discord, and climate research in Peru's highland communities». *Environmental Communication* 14, n.º 1: 112-125. https://www.tandfonline.com/doi/pdf/10.1080/17524032.2019.1626754

Palenchar, Michael J. 2009. «Historical Trands of Risk and Crisis Communication». En *Handbook of risk and crisis communication*, editado por Robert L. Heath y H. Dan O'Hair, 31-52. New York: Routledge.

Pano Alamán, Ana. 2023. «Encuadres discursivos sobre el cambio climático en la comunicación política española en Twitter». *Cuadernos AISPI: Estudios de lenguas y literaturas hispánicas* 22, n.º 2: 99-119. https://dialnet.unirioja.es/servlet/articulo?codigo=9223245

Parratt Fernández, Sonia, Montse Mera Fernández y Rafael Carrasco Polaino. 2020. «La relevancia del cambio climático en la prensa española: análisis comparativo de *El País, El Mundo* y *ABC*». *OBETS. Revista de Ciencias Sociales*, 15, n.º 2: 625-648. https://rua.ua.es/dspace/handle/10045/111329

Phillips, Melanie. 1994. «Illiberal liberalism». Ed. por Sara Dunant, *The War of Words. The Political Correctness Debate*, 35-54. London: Virago Press.

Piñuel Raigada, José Luis. 2013. «El discurso hegemónico de los Media sobre el "cambio climático" (riesgo, incertidumbre y conflicto) y estrategias de intervención». En *Medios de comunicación y cambio climático*, coordinado por Rosalba Mancinas Chávez, 27-44. Sevilla: Facultad de Comunicación de la Universidad de Sevilla. https://idus.us.es/server/api/core/bitstreams/1a63fdfb-26e7-45bf-8e06-04e8ed41240c/content

Piñuel Raigada, José Luis, Juan Antonio Gaitán Moya y Carlos H. Lozano Ascencio. 2012. «Los telediarios ante el cambio climático: la deriva de la información sobre la catástrofe en las cumbres del clima y en tiempos de calma». Coord. por Concha Mateos Martín. *Actas IV congreso internacional latina de comunicación social: Comunicación, control y resistencias*. 1-9. Sociedad Latina de Comunicación Social. https://dialnet.unirioja.es/servlet/libro?codigo=514729

Pitarch, María Dolores, Ismael Blanco, Joaquim Brugué, Beatriz Gallardo Paúls, Carolina Moreno, Álvaro Morote, María Josep Picó. 2025. «Comunicación, educación, participación y resiliencia socio-territorial». En *Cambio climático y territorio en el Mediterráneo Ibérico. Efectos, estrategias y políticas*, editado por Juan Romero y Ana Camarasa, 333-361. València: Tirant lo Blanch.

Pleyers, Geoffrey. 2018. *Movimientos sociales en el siglo XXI: perspectivas y herramientas analíticas*. Buenos Aires: CLACSO.

Porritt, Jonathon *et al.* 2018. «Climate Change Is Real». *The Guardian*, 26/07/2018. https://www.theguardian.com/environment/2018/aug/26/climate-change-is-real-we-must-not-offer-credibility-to-those-who-deny-it

Postman, Neil. 1985. *Divertirse hasta morir*, traducido por Enrique Odell. Barcelona: Eds. La tempestad, 2001.

Price, Vincent. 1997. «News values and public opinion: A theoretical account of media priming and framing». En *Advances in persuasion*, editado por G. A. Barett & F. J. Boster, 173-212. Greenwich, CT: Ablex.

Puiggros, Adriana. 1996. «Educación neoliberal y quiebre educativo». *Nueva sociedad* 146: 90-101.

Rabinovich, Anna, Thomas A. Morton y Megan E. Birney. 2012. «Communicating climate science: The role of perceived communicator's motives». *Journal* of *Environmental Psychology* 32, n.º 1: 11-18. https://doi.org/10.1016/j. jenvp.2011.09.002

Ramos Torre, Ramón, Javier Callejo Gallego y Luis Pablo Francescutti. 2024. «El cambio climático, la incertidumbre y sus expertos». *Empiria*: *Revista de metodología de ciencias sociales* 62: 45-72. https://dialnet.unirioja.es/descarga/ articulo/9674883.pdf

Rees, Martin. 2018. *En el futuro. Perspectivas para la Humanidad*, traducido por Juandomènec Ros. Madrid: Crítica 2019.

Reyes, Graciela. 1990. «Tiempo modo, aspecto e intertextualidad». *Revista española de lingüística* 20, n.º 1: 17-54. http://www.sel.edu.es/pdf/ene-jun-90/02%20 Graciela%20Reyes.pdf

Reynolds, Barbara, Julia Hunter-Galdo y Lynn Sokler. 2002. *Crisis and emergency risk communication*. Atlanta, GA: Centers for Disease Control and Prevention. https://www.orau.gov/cdcynergy/erc/CERC%20Course%20Materials/CERC_ Book.pdf

Reynolds, Barbara y Sandra Crouse Queen. 2008. «Effective Communication During an Influenza Pandemic: The Value of Using a Crisis and Emergency Risk Communication Framework». *Health Promotion Practice* 9 nº. 4: 13-17.

Reynolds, Barbara, Shana Deitch y Richard Schieber. 2007. *Crisis and Emergency Risk Communication: Pandemic Influenza*. Centers for Disease Control and Prevention.

Riesco González, Manuel. 2008. «El enfoque por competencias en el EEES y sus implicaciones en la enseñanza y el aprendizaje». *Tendencias pedagógicas* 13: 79-105. https://redined.educacion.gob.es/xmlui/bitstream/handle/11162/121065/1892-3743-1-PB.pdf

Riffe, Daniel, Charles F. Aust y Stephen R. Lacy. 1993. «The effectiveness of random, consecutive day and constructed week sampling in newspaper content analysis». *Journalism quarterly* 70, n.º 1: 133-139.

Rockström, Johan, *et al.* 2009. «Planetary boundaries: exploring the safe operating space for humanity». *Ecology and society* 14, n.º 2. https://www.jstor.org/stable/ pdf/26268316

Romero, Joan. 2025. *Desorden global. Notas sobre el mundo que viene.* València: Tirant lo Blanch.

Romero, Juan. 2019. «Sobre las geografías del malestar en Europa». *PAPELES de relaciones ecosociales y cambio global*, 147: 61-72, https://dialnet.unirioja.es/ servlet/articulo?codigo=7161504

Roser-Renouf, Connie, Neil Stenhouse, Justin Rolfe-Redding, Edward Maibach y Anthony Leiserowitz. 2015. «Engaging diverse audiences with climate change:

Message strategies for global warming's six Americas». En *The Routledge handbook of environment and communication*, editado por Anders Hansen y Robert Cox, 388-406. Routledge.

Rowan, Katherine E., Carl H. Botan, Gary L. Kreps, Sergei Samoilenko y Karen Fransworth. 2009. «Risk communication education for local emergency managers: Using the CAUSE model for research, education, and outreach». En *Handbook of risk and crisis communication*, editado por R.L. Heath y H.D. O'Hair, 168-191. Routledge.

Rychlý, Pavel. 2008. «A Lexicographer-Friendly Association Score». RASLAN, Recent Advances in Slavonic Natural Language Processing, editado por Petr Sojka y Aleš Horák, 6-9. https://nlp.fi.muni.cz/raslan/2008/raslan08.pdf

Sachsman, David B. y JoAnn Myer Valenti, eds. 2020. *Routledge handbook of environmental journalism*. London y New York: Routledge.

Sandman, Peter M. 2003. «Four kinds of Risk Communication». *The Synergist. American Industrial Hygiene Association*, abril 2003: 26-27. http://www.psandman.com/col/4kind-1.htm

Santamaría, Alberto. 2018. *En los límites de lo posible. Política, cultura y capitalismo afectivo*. Madrid: Akal.

Schäfer, Mike S. y James Painter. 2020. «Climate journalism in a changing media ecosystem: Assessing the production of climate change-related news around the world». *Wiley Interdisciplinary Reviews: Climate Change* 12, n.º 1: e675. https://doi.org/10.1002/wcc.675

Scheufele, Dietram A. 2000. «Agenda-setting, priming, and framing revisited: Another look at cognitive effects of political communication», *Mass communication & society* 3, n.º 2-3: 297-316. https://www.tandfonline.com/doi/pdf/10.1207/S15327825MCS0323_07

Scheufele, Dietram A. y David Tewksbury. 2007. «Framing, agenda setting, and priming: The evolution of three media effects models». *Journal of communication* 57, n.º 1: 9-20. https://doi.org/10.1111/j.0021-9916.2007.00326.x

Schiffrin, Deborah. 1993. «'Speaking for Another' in Sociolinguistic Interviews: Alignments, Identities and Frames». *En Deborah Tannen (Ed.): Framing in discourse*, 231-263. Nueva York: Oxford University Press.

Schlichting, Inga. 2013. «Strategic framing of climate change by industry actors: A meta-analysis». *Environmental Communication: A Journal of Nature and Culture* 7, n.º 4: 493-511. https://www.tandfonline.com/doi/pdf/10.1080/17524032.2013.812974

Schmid-Petri, Hannah. 2017. «Do conservative media provide a forum for skeptical voices? The link between ideology and the coverage of climate change in British,

German, and Swiss newspapers». *Environmental communication* 11, n.º 4: 554-567. https://www.tandfonline.com/doi/pdf/10.1080/17524032.2017.1280518

Schnegg, Michael, Coral Iris O'Brian e Inga Janina Sievert. 2021. «It's our fault: A global comparison of different ways of explaining climate change». *Human Ecology* 49: 327-339. https://link.springer.com/content/pdf/10.1007/s10745-021-00229-w.pdf

Schneider, Jen. 2010. «Making space for the "nuances of truth": Communication and uncertainty at an environmental journalists' workshop». *Science Communication* 32, n.º 2: 171-201. https://doi.org/10.2307/3673499

Schoenfeld, A. Clay. 1980. «Newspersons and the environment today». *Journalism Quarterly* 57, n.º 3: 456-462.

Searle, John. 1976. «A classification of illocutionary acts». *Language in Society* 5: 1-23.

Sellnow, Timothy L., Matthew W. Seeger y Robert R. Ulmer. 2005. «Constructing the 'new normal' through post-crisis discourse». En *Community preparedness a n d response to terrorism, vol 3: Communication and the Media*, editado por H. Dan. O'Hair, Robert L. Heath y Gerald R. Ledlow, 167-189. Westport, CT: Praeger.

Semetko, Holli A. y Patti M Valkenburg. 2000. «Framing European politics: a content analysis of press and television news». *Journal of Communication*, 50, n.º 2: 93-109.

Shenoy, Saahil, Dimitry Gorinevsky, Kevin E. Trenberth & Steven Chu. 2022. «Trends of Extreme US Weather Events in the Changing Climate». *Proceedings of the National Academy of Sciences* 119, n.º 47: e2207536119. https://doi.org/10.1073/pnas.2207536119

Spence, Alexa y Nick Pidgeon. 2010. «Framing and communicating climate change: The effects of distance and outcome frame manipulations». *Global environmental change* 20, n.º 4: 656-667. https://www.sciencedirect.com/science/article/pii/S0959378010000610

Stavrakakis, Yannis. 1997. «Green ideology: A discursive reading». *Journal of Political Ideologies*, 2, n.º 3: 259-279, https://www.tandfonline.com/doi/epdf/10.1080/13569319708420763

Stavrakakis, Yannis. 2000. «On the emergence of Green ideology: the dislocation factor in Green politics». En *Discourse Theory and Political Analysis: Identities, Hegemonies and Social Change*, ed. por David R, Howarth, Aletta J. Norval y Yannis Stavrakakis, 100-118. Manchester: Manchester University Press.

Stecula, Dominik A. y Eric Merkley. 2019. «Framing climate change: Economics, ideology, and uncertainty in American news media content from 1988 to 2014». *Frontiers in Communication* 4. https://doi.org/10.3389/fcomm.2019.00006

Stenner, Paul. 2013. «Affectivität, Liminalität and Psychologie ohne Basis». En *Kulturpsychologie in interdisziplinärer Perspektive*, editado por Jürgen Straub, Pradeep Chakkarath y Gala Rebane, 109-142. Giessen: Psychosozial Verlag.

Stivers, Tanya. 2008. «Stance, Alignment, and Affiliation During Storytelling: When Nodding Is a Token of Affiliation». *Research on Language and Social Interaction* 41, n.º 1: 31-57. https://doi.org/10.1080/08351810701691123

Strömbäck, Jesper. 2005. «In search of a standard: four models of democracy and their normative implications for journalism», *Journalism Studies* 6, n.º 3, 331-345. https://doi.org/10.1080/14616700500131950

Supran, Geoffrey y Naomi Oreskes. 2021. «Rhetoric and frame analysis of ExxonMobil's climate change communications». *One Earth* 4, n.º 5: 696-719. https://www.cell.com/one-earth/fulltext/S2590-3322(21)00233-5

Tabarés Seisdedos, Rafael. 2025. «La dana es un disparo al corazón y a la cabeza». *Levante EMV*, 18/03/2025. https://www.levante-emv.com/opinion/2025/03/18/dana-disparo-corazon-cabeza-115419444.html

Taylor, Peter J. y Frederick H. Buttel. 1992. «How do we know we have global environmental problems? Science and the globalization of environmental discourse». *Geoforum* 23, n.º 3: 405-416. https://doi.org/10.1016/0016-7185(92)90051-5

Teso Alonso, Mª Gemma, coord. 2023. *La comunicación del cambio climático en los medios de proximidad. La entrevista con perspectiva política para un periodismo centrado en las soluciones*. Observatorio de la comunicación del cambio climático, UCM. https://www.apiaweb.org/wp-content/uploads/2023/04/Informe-APIA-V3-ISBN-FINAL-10-03-2023.pdf

Teso, Mª Gemma y J. Antonio Gaitán, coords. 2021. *La comunicación del cambio climático y de la transición ecológica. III Informe del Observatorio de la Comunicación Mediática del Cambio Climático*. ECODES. https://ecodes.org/images/que-hacemos/MITERD_2021/Informes/INFORME_OBCCC_21032022.pdf

Teso, Mª Gemma, J. Antonio Gaitán, Carlos Lozano, Rogelio Fernández-Reyes, Patricia Sánchez-Holgado, Carlos E. Arcila, Enrique Morales-Corral y José Luis Piñuel. 2019. *Diseño del Observatorio de la comunicación mediática del cambio climático*. ECODES. https://ecodes.org/images/que-hacemos/pdf_MITECO_2019/INFORME_OBSERVATORIO_COMUNICACION_CC.pdf

Teso, Mª Gemma, J. Antonio Gaitán, Carlos Lozano, Rogelio Fernández-Reyes, Patricia Sánchez- Holgado, Carlos E. Arcila, Enrique Morales-Corral y José Luis Piñuel. 2020. *II Informe del Observatorio de la comunicación mediática del cambio climático*. ECODES. https://ecodes.org/images/que-hacemos/01.Cambio_Climatico/

Movilizacion_accion/Medios_Comunicacion_CC/INFORME_OBSERVATORIO_
COMUNICACI%C3%93N_2020-_V4-_ISBN.pdf

Teso, Mª Gemma, Juan Antonio Gaitán, Carlos Lozano, Patricia Sánchez-Holgado,
Carlos E. Arcila, Margarita Tovar, Rogelio Fernández-Reyes, Enrique Morales-
Corral, Jaime López-Diez y José Luis Piñuel. 2022. *La comunicación del
cambio climático y de la transición ecológica. IV Informe del Observatorio de
la Comunicación Mediática del Cambio Climático*. ECODES. https://ecodes.
org/biblioteca/documento?v=1yid=561-iv-informe-del-observatorio-de-la-
comunicacion-del-cambio-climaticoydescarga-documento=1yh=8c69592637162
f9aa73baacead2f56a8a403c917a42b25170e2fefa7e40eee78

Thompson, Jessica L. y Sarah Schweizer. 2008. «The conventions of climate change
communication». *Annual Meeting of the NCA 94th Annual Convention*, TBA, San
Diego. https://earthtosky.org/content/climate/PDF_Resources/thompson%20%20
schweizer%20nca%202008.pdf

Thomson, Irene Taviss. 2010. *Culture wars and enduring American dilemmas*.
University of Michigan Press.

Touraine, Alain. 1979. «La voz y la mirada», traducido por Andrea Martínez. *Revista
Mexicana de Sociología* 41, n.º 4: 1299-1315. https://www.jstor.org/stable/3540074

Traverso, Enzo. 2016. *Melancolía de izquierda. Después de las utopías*, traducido por
Barcelona: Horacio Pons. Galaxia de Gutenberg. 2019.

Trognon, Alain. 1987. «Débrayages conversationnels». *DRALV*, 36-37: 105-122.
https://www.persee.fr/doc/drlav_0754-9296_1987_num_36_1_1056

Tuchman Gaye. 1978. *Making News: A Study in the Construction of Reality*. New
York, NY: Free Press.

Uzzell, David L. 2000. «The psycho-spatial dimension of global environmental
problems». *Journal of Environmental Psychology* 20, n.º 4: 307-318. https://doi.
org/10.1006/jevp.2000.0175

van der Linden, Sander L., Anthony A. Leiserowitz y Edward W. Maibach. 2019.
«The gateway belief model: A large-scale replication». *Journal of Environmental
Psychology* 62: 49-58. https://doi.org/10.1016/j.jenvp.2019.01.009

van der Linden, Sander L., Anthony A. Leiserowitz, Geoffrey D. Feinberg y Edward
W. Maibach. 2015. «The Scientific Consensus on Climate Change as a Gateway
Belief: Experimental Evidence». *PLOS ONE* 10, n.º 2: 1-8. https://doi.org/10.1371/
journal.pone.0118489

Vicente-Torrico, David y Nereida López-Vidales. 2022. «Recursos hipermedia en la
cobertura de la emergencia climática durante el año 2019 en España: análisis de *El
País*, *La Vanguardia* y *El Confidencial*». *Estudios sobre el Mensaje Periodístico*
28, n.º 2: 461-472. https://uvadoc.uva.es/handle/10324/65708

VijayaVenkataRaman, Sanjairaj, Sanjairaj Iniyan y Ranko Goic. 2012. «A review of climate change, mitigation and adaptation». *Renewable and Sustainable Energy Reviews* 16, n.º 1: 878-897. https://doi.org/10.1016/j. rser.2011.09.009

Villar, Ana y Jon A. Krosnick. 2011. «Global warming vs. climate change, taxes vs. prices: Does word choice matter?». *Climatic change* 105, n.º 1: 1-12. https://link. springer.com/article/10.1007/s10584-010-9882-x

Viñao Frago, Antonio. 2012. «El desmantelamiento del derecho a la educación: discursos y estrategias neoconservadoras». *AREAS. Revista Internacional de Ciencias Sociales*, 31. 91-107. https://revistas.um.es/areas/article/view/165031

Vlassopoulos, Clohé Anne. 2012. «Competing definition of Climate Change and the post-Kyoto negotiations». *International Journal of Climate Change Strategies and Management* 4, n.º 1: 104-118. http://dx.doi.org/10.1108/17568691211200245

Walaski, Pamela. Ferrante. 2011. *Risk and crisis communications. Methods and Messages* Hoboken, New Jersey: John Wiley y Sons, Inc.

Wallace-Wells, David. 2019. *El planeta inhóspito. La vida después del calentamiento*, traducido por Marcos Pérez Sánchez. Debate, 2023.

Wasike, Ben S. 2013. «Framing News in 140 Characters: How Social Media Editors Frame the News and Interact with Audiences via Twitter», *Global Media Journal-Canadian Edition* 6, n.º 1: 5-23.

Weart, Spencer. 2003. «The discovery of rapid climate change». *Physics Today* 56, n.º 8: 30-36. https://doi.org/10.1063/1.1611350

Weart, Spencer R. 2004. «The Discovery of Global Warming». *American Physics Society/American Association of Physics Teachers Meeting*, https://pdfs. semanticscholar.org/520a/c24b38f8c5815262c6f95b2e479d68f6fea1.pdf

WEF, World Economic Forum. 2024. *The Global Risk Report 2024*. 19th Edition. Insight Report. Cologny, Switzerland: World Economic Forum. https://www. weforum.org/publications/global-risks-report-2024/

WEF, World Economic Forum. 2025. *The Global Risk Report 2025*. 20th Edition. Insight Report. Cologny, Switzerland: World Economic Forum. https://reports. weforum.org/docs/WEF_Global_Risks_Report_2025.pdf

White, Peter R. R. 2003. «Beyond modality and hedging: A dialogic view of the language of intersubjective stance». *Text & Talk* 23, n.º 2: 259-284. https://www. degruyter.com/document/doi/10.1515/text.2003.011/pdf

WHO, World Health Organization. 2004. *Outbreak communication: best practices for communicating with the public during an outbreak*, https://www.who.int/ publications/i/item/outbreak-communication-best-practices-for-communicating-with-the-public-during-an-outbreak

WMO, World Meteorological Organization. 2022. *State of the Global Climate 2021*. Ginebra: Organización Meteorológica Mundial. https://wedocs.unep. org/20.500.11822/40033

Wonneberger, Anke, Marijn H. C. Meijers y Andreas R. T. Schuck. 2020. «Shifting public engagement: How media coverage of climate change conferences affects climate change audience segments». *Public Understanding of Science* 29, n.º 2: 176-193. https://journals.sagepub.com/doi/full/10.1177/0963662519886474

Wu, S., Luo, M., Lau, G.NC. et al. 2025. «Rapid flips between warm and cold extremes in a warming world». *Nature Communications* 16: 3543. https://doi.org/10.1038/ s41467-025-58544-5

Wynne, Brian. 1992. «Uncertainty and environmental learning: reconceiving science and policy in the preventive paradigm». *Global environmental change* 2, n.º 2: 111-127. https://www.andreasaltelli.eu/file/repository/04_Wynne1992.pdf

Yoe, Charles. 2019. *Principles of Risk Analysis. Decision Making under Uncertainty.* Boca Ratón. FL.: Taylor & Francis.